IT职业素养

——常用工具软件

主　编　飞继宗　杨剑涛

副主编　潘志勇　李　涛

电子工业出版社

Publishing House of Electronics Industry

北京·BEIJING

内 容 简 介

本书从实际操作应用出发，以培养读者的动手能力和解决实际问题的能力为目标，全面系统地介绍了当前流行的常用工具软件的使用，主要包括系统安全工具、网络搜索与优化工具、文件文档工具、音频视频工具、图形图像工具、通信工具、翻译工具、云存储工具和虚拟工具等。本书以项目任务的方式编写，以软件的基本功能为主线，用丰富的项目、案例贯穿全书，重点介绍常用工具软件的使用方法和操作技巧。书中图文并茂，步骤清晰，一目了然。

本书可作为职业院校、计算机公共基础课教材，也可作为成人教育、计算机应用培训教材，同时也可作为广大计算机爱好者学习和参考书。

未经许可，不得以任何方式复制或抄袭本书之部分或全部内容。

版权所有，侵权必究。

图书在版编目（CIP）数据

IT 职业素养：常用工具软件 / 飞继宗等主编. —北京：电子工业出版社，2017.2

ISBN 978-7-121-30836-9

Ⅰ. ①I… Ⅱ. ①飞… Ⅲ. ①工具软件—高等学校—教材 Ⅳ. ①TP311.56

中国版本图书馆 CIP 数据核字（2017）第 016036 号

策划编辑：施玉新
责任编辑：郝黎明
印　　刷：北京盛通商印快线网络科技有限公司
装　　订：北京盛通商印快线网络科技有限公司
出版发行：电子工业出版社
　　　　　北京市海淀区万寿路 173 信箱　邮编　100036
开　　本：787×1092　1/16　印张：16.75　字数：428.8 千字
版　　次：2017 年 2 月第 1 版
印　　次：2020 年 3 月第 4 次印刷
定　　价：36.00 元

凡所购买电子工业出版社图书有缺损问题，请向购买书店调换。若书店售缺，请与本社发行部联系，联系及邮购电话：（010）88254888，88258888。

质量投诉请发邮件至 zlts@phei.com.cn，盗版侵权举报请发邮件至 dbqq@phei.com.cn。

本书咨询联系方式：（010）88254598，syx@phei.com。

编　委　会

主　编：飞继宗　杨剑涛

副主编：潘志勇　李　涛

参　编：姚正刚　范继福　飞　桐　郭　丽
　　　　李　波　张宏强　吕　莉　刘海燕
　　　　李光寿　王志平　熊玉金　薛良玉
　　　　包永亮　蔡　娜　李春平　李红珍
　　　　潘建新　吕鸿明　普丽华　李雨薇

前　　言

随着计算机软硬件技术的发展，计算机的性能越来越强。网络的发展为我们提供了丰富的软件资源，用户可以通过网络获取更多的软件信息。很多工具软件可以提供操作系统不具备的功能，或者是对操作系统的某些功能进行补充和增强，学会使用这些软件将使计算机的操作变得更简单、更高效。

本书在编写过程中注重将教学与实践结合，突出对学生能力的培养。有代表性地选择了与工作、学习和生活密切相关的工具软件，详细介绍了软件的使用方法，以及所涉及的相关知识。书中每个项目从"项目描述"开始，以每个任务中的"任务目标""任务描述""任务实施""知识拓展"和"实战演练"等几个部分为主线写作而成。

全书主要内容包括系统安全工具、网络搜索与优化工具、文件文档工具、音频视频工具、图形图像工具、通信工具、翻译工具、云存储工具和虚拟工具等。

本书由多年从事计算机职业教育、有丰富教育教学经验的教师分工编写而成。其中，飞继宗，杨剑涛担任主编；潘志勇，李涛担任副主编。虽然在编写过程中我们已尽力做到最好，但书中疏漏和不足之处在所难免，恳请广大读者及专家不吝赐教。

编　者

目 录

项目一 系统安全工具

项目描述

　　系统安全工具项目主要从计算机系统、磁盘、文件夹和文件的安全进行管理。通过使用 360 杀毒软件的实时病毒防护和手动扫描功能，为系统提供全面的安全防护；实时防护功能在文件被访问时对文件进行扫描，及时拦截活动的病毒，在发现病毒时会通过提示窗口警告，对系统、磁盘信息进行安全防护。随着互联网与现实生活的联系越来越紧密，上网的风险也与日俱增，打着网赚、巨奖、超低价产品等旗号的欺诈和各类盗号木马使人们防不胜防，通过使用 360 安全卫士软件来进行系统和信息的防护，它是主要用于打击木马、修复系统漏洞的软件，它具有查杀恶意软件、插件管理、病毒查杀、诊断及修复、保护等强劲功能，同时还提供弹出插件免疫、清理使用痕迹及系统还原等特定辅助功能，并且提供对系统的全面诊断报告，方便用户及时定位问题所在，真正为每一位用户提供全方位系统安全保护。分区助手是专业级的无损分区工具，它提供简单、易用的磁盘分区管理操作，它能无损数据地实现扩大分区，缩小分区，合并分区，拆分分区，快速分区，克隆磁盘等操作；它还能迁移系统到固态硬盘，是一个很好的分区工具。轻松备份是简单易用的备份还原软件，能轻松地像 Ghost 系统实现系统备份，它能备份文件、文件夹、硬盘、分区，能通过定时备份功能定期备份用户想备份的数据；在数据发生异常时，能轻易地还原数据到正常的状态。通过该项目的学习，能够掌握 360 杀毒软件对系统和磁盘进行病毒的查杀；能够用 360 安全卫士软件进行木马和恶意软件的查杀、诊断和修复系统的漏洞等防护；能够掌握分区助手软件对磁盘分区进行调整，进行磁盘、分区的克隆操作；能够掌握轻松备份软件对文件、文件夹、分区、磁盘和系统进行备份和还原。

任务一　360 杀毒

任务目标

　　1. 学会使用 360 杀毒软件并通过快速扫描、全盘扫描、指定位置扫描 3 种方式查杀计算机中的病毒。

　　2. 学会设置病毒扫描，完成后关闭计算机。

任务描述

　　安居宝智能家居实业有限公司全国西南地区销售经理李兵的计算机中存放了许多公司的重要文件，而且他经常使用计算机上网使用 U 盘和移动硬盘复制资料，他很担心计算机受到病毒的攻击。现在安居宝智能家居实业有限公司请计算机维护公司帮员工们解决这个问题，对他们使用的计算机进行维护，通过沟通交流决定为每台计算机安装 360 杀毒软件进行维护。

▌▌ 任务实施

1. 认识 360 杀毒软件界面

360 杀毒是 360 安全中心出品的一款免费的云安全杀毒软件。它创新性地整合了五大领先查杀引擎，包括国际知名的 BitDefender 病毒查杀引擎、小红伞病毒查杀引擎、360 云查杀引擎、360 主动防御引擎及 360 第二代 QVM 人工智能引擎，为用户带来安全、专业、有效、新颖的查杀防护体验。据艾瑞咨询数据显示，截至目前，360 杀毒月度用户量已突破 3.7 亿，一直稳居安全查杀软件市场份额首位。

360 杀毒软件界面如图 1-1-1 所示，目前主界面主要分为五个区域。

图 1-1-1　360 杀毒软件界面

主界面上部第一行右上角第一行依次为日志、设置、反馈、皮肤、菜单、最小化和关闭按钮，菜单中有在线帮助、360 杀毒网站隐私声明等选项。设置按钮的功能强大，很多操作都可以在这里设置、更改，如常规设置、升级设置、病毒扫描设置等。

主界面上部第二行为 360 杀毒为用户提供的一些基本信息，如距离上次病毒扫描的时间、360 杀毒保护系统的时间及快速扫描和忽略按钮。

主界面中部是 360 为用户提供的"全盘扫描"和"快速扫描"按钮及"功能大全"选项。

主界面左下方为 360 云查杀引擎、系统修复引擎、OVM Ⅱ 人工智能引擎、小红伞引擎、BitDefender 引擎按钮。

主界面的右下角的工具栏里增加了几个小工具分别为"自定义扫描"、"宏病毒扫描""弹窗拦截""软件净化"按钮。

2. 病毒扫描与查杀

360 杀毒软件在默认显示的首页上提供了"全盘扫描"和"快速扫描"按钮，用户只需单击首页界面上的"全盘扫描"或"快速扫描"按钮即可进行扫描。快速扫描是指杀毒软件检查的是系统最关键的位置，也就是说扫描的是运行系统所必需的组件位置，而全盘扫描是对计算机中所有的盘符、所有的软件进行扫描。相比之下全盘扫描更彻底。用户可以根据自己的实际需要进行选择。计算机扫描任务执行完毕后自动显示扫描结果报告，如图 1-1-2 所示。360 杀毒扫描完成后还提供了问题处理的方式，即"暂不处理"和"立即处理"按钮，处理完毕后提示重新启动系统并彻底清除病毒，如图 1-1-3 所示。

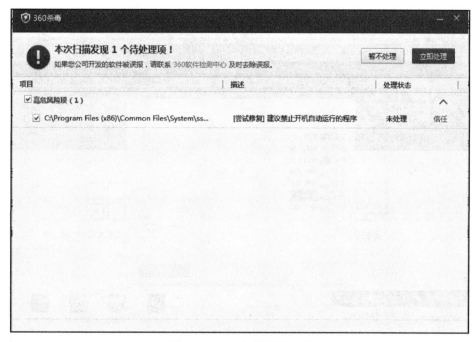

图 1-1-2　360 扫描结果界面

图 1-1-3　360 问题处理完成界面

3. 自定义病毒扫描与查杀

除快速扫描、全盘扫描之外 360 杀毒软件还提供了自定义扫描方式，用户可以根据自己的实际需要选择需要扫描的文件进行扫描，使用起来更加方便。具体操作方法为：单击 360 杀毒软件首页右下角"自定义扫描"按钮，在出现的窗口中选择要扫描的文件，对其进行查杀，如图 1-1-4 和图 1-1-5 所示。

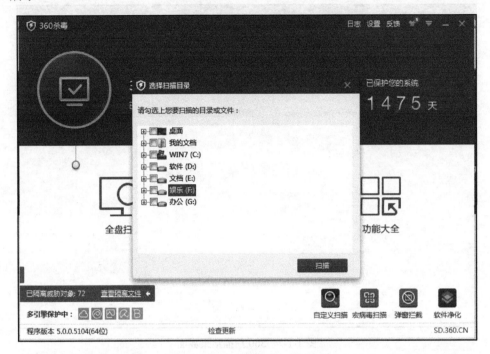

图 1-1-4　自定义病毒扫描目录

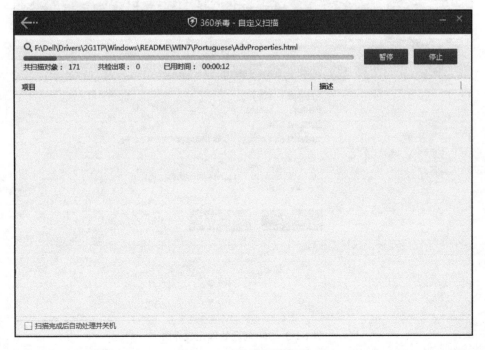

图 1-1-5　自定义扫描界面

4．弹窗拦截

360 杀毒软件除了提供了病毒扫描与查杀功能外，还提供了弹窗拦截功能，可以帮助用户拦截一些存在危害的弹窗信息，从而更好地保护用户计算机系统的安全。具体操作方法为：单击360 杀毒软件首页右下角的"弹窗拦截"按钮，可以进行弹窗拦截的设置，如图 1-1-6 所示。

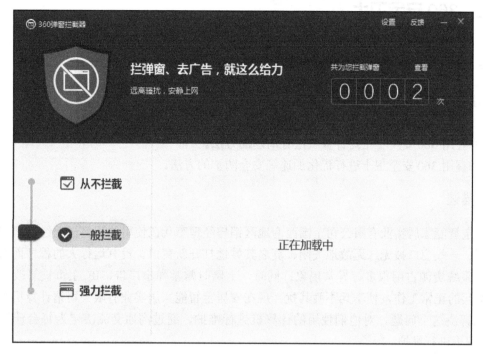

图 1-1-6　360 弹窗拦截器界面

▌知识拓展

杀毒软件的工作原理

（1）特征码比对法：各大安全厂商通过设立在全球各地的"蜜罐服务器"搜集病毒样本，然后病毒分析工程师提取病毒特征码（即该病毒所独有的程序代码），加入杀毒软件病毒库中。杀毒软件在进行扫描时会生成文件特征码与病毒库中的进行比对，如相同则确认为病毒。

（2）启发式扫描：随着病毒的层出不穷，病毒变种不断增多，特征码法远跟不上病毒生成速度，各大安全厂商针对已发现的病毒，总结出一些恶意代码，如在程序中发现这些代码，就会向用户报警，发现疑似病毒文件，询问用户处理方案。

（3）主动防御：以上两种方法主要用于杀毒软件对文件的扫描过程。现在各大杀毒软件会对敏感区域、系统文件夹、注册表启动项等部位进行重点监控，一旦发现有程序对敏感部位进行可疑修改，便会提醒用户，询问用户是否允许进行修改。

（4）虚拟机技术：也称沙盘，主要用于扫描加壳程序，即当用户扫描一个程序时，杀毒软件会在一个虚拟的内存环境中运行该程序，在该虚拟环境中该程序的所有操作对实体系统不会有任何影响。而在虚拟运行中，程序需要脱壳才能正常运行，这时杀毒软件会对脱壳后的程序代码和运行过程进行分析，确定是否有病毒。

▌ 实战演练

安装使用金山毒霸，并比较说明 360 与金山毒霸的优缺点各是什么。

任务二　360 安全卫士

▌ 任务目标

1. 掌握用 360 安全卫士进行计算机体检的方法。
2. 掌握用 360 安全卫士查杀木马病毒的方法。
3. 掌握用 360 安全卫士对计算机进行清理的方法。
4. 掌握用 360 安全卫士进行优化加速等安全防护的方法。

▌ 任务描述

安居宝智能家居实业有限公司全国西南地区销售经理李兵在使用的计算机上经常出现硬盘不停地读写、一些窗口被无缘无故地关闭、莫名其妙地打开新窗口、没有运行大的程序而系统却越来越慢、系统资源占用很多等异常现象；同时，上网时常常弹出广告，IE 主页被篡改等，严重干扰了李兵的正常工作，使李兵不胜其扰。现在安居宝智能家居实业有限公司请计算机维护公司帮员工们解决这个问题，对他们使用的计算机进行维护，通过沟通交流决定为每台计算机安装 360 安全卫士进行维护。

▌ 任务实施

1. 认识 360 安全卫士界面

360 安全卫士是一款由奇虎 360 公司推出的功能强、效果好、受用户欢迎的安全杀毒软件。360 安全卫士拥有查杀木马、清理插件、修复漏洞、电脑体检、电脑救援、保护隐私、清理垃圾、清理痕迹等多种功能，并独创了"木马防火墙""360 密盘"等功能，依靠抢先侦测和云端鉴别，可全面、智能地拦截各类木马，保护用户的账号、隐私等重要信息。

360 安全卫士界面如图 1-2-1 所示，目前主界面主要分为四个区域。

主界面上部第一行右上角依次为皮肤、主菜单最小化和关闭按钮，主菜单中有切换为企业版的选项，主菜单中设置的功能强大，很多操作都可以在这里设置、更改。

主界面上部第二行为 360 安全卫士基本功能区域，包括"电脑体检""木马查杀""电脑清理""系统修复""优化加速""功能大全"和"软件管家"按钮。

主界面的左下角有"防护中心""网购先赔"和"反勒索服务"3 个按钮，防护中心可以自由调节想要防护的选项，防护中心界面中右下角的安全实验室也统一了以前的许多功能，如隔离沙箱、默认软件设置、系统防黑加固等。

主界面右下角的工具栏中增加了几个小工具：软件管家、人工服务、"手机助手"、"宽带测速器"和"更多"按钮，单击"更多"按钮时进入工具的管理。

图 1-2-1　360 安全卫士界面

2．电脑体检

360 安全卫士在默认显示的首页上提供了电脑体检服务，用户只需单击首页界面上的"立即体检"按钮即可立即启动系统体检。电脑体检任务执行完毕后自动显示体检报告，360 安全卫士是通过给出一个体检得分来评定系统状况的。另外，360 安全卫士提供一键修复的处理方式，用户只需单击"一键修复"按钮即可轻松修复所有检测到的安全问题。

在图 1-2-1 所示的界面中主要是显示上次的体检指数，对计算机系统进行快速一键扫描，对木马病毒、系统漏洞、恶评插件等问题进行修复，并全面解决欠载的安全风险，提高计算机运行速度。单击"立即检测"（如果是以前未进行过体检，则在此为"立即体检"按钮）按钮对计算机进行实时检测。检测完毕后，窗口中会出现计算机当前的体检指数，代表了计算机的健康状况。同时会出现安全项目列表并提醒是否对计算机进行优化（主要是对系统垃圾的清理）。如果计算机存在不安全的项目，可以在下次体检时单独体检此项。另外通过修改体检设置还能设置利用"360"对电脑体检的方式和频率。建议选择"每天仅自动体检一次"。体检完毕后如图 1-2-2 所示。

360 安全卫士对电脑体检完毕后，显示出体检结果，从安全检测、垃圾检测和故障检测进行体检，体检项达 24 个，在图 1-2-2 中列出了有问题的项及提出了修复意见，单击"一键修复"按键，计算机自动进行修复操作，修复完毕后的界面如图 1-2-3 所示。

3．木马查杀

定期进行木马查杀可以有效保护各种系统账户安全。360 安全卫士提供快速扫描、全盘扫描和自定义扫描三种方式进行木马病毒的扫描，扫描结束后若出现疑似木马，可以选择删除或加入信任区。快速扫描模式下，扫描开始菜单的启动组、注册表的运行项、系统服务、驱动、内存进程和模块、计划任务等关键位置下的文件。全盘扫描模式下，云查杀会扫描系统中所有磁盘分区中的文件。自定义扫描模式下，扫描项完全由用户来决定，用户可以指定扫描的位置。

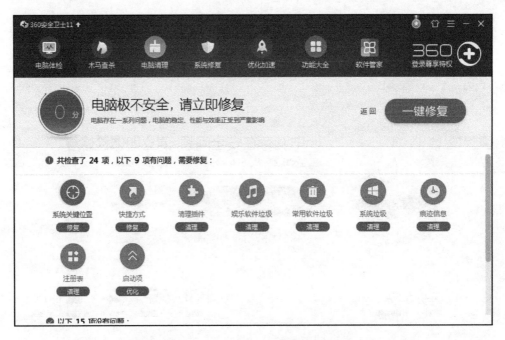

图 1-2-2　360 安全卫士体检结果界面

图 1-2-3　360 安全卫士"一键修复"后的界面

查杀木马的操作方法如下。

（1）单击 360 安全卫士主界面中的"木马查杀"按钮，可进行查杀木马操作，进入图 1-2-4 所示界面。

（2）选择扫描方式开始扫描，在此选择"快速扫描"选项进行木马扫描，耐心等待一段时间后得到结果：计算机中没有发现木马，如果计算机中有木马，扫描结束后会在图 1-2-5 所示界面的列表中显示感染了木马的文件名称和所在位置。选择要清理的文件（也可以单击左下角的"全选"按钮快速选中全部文件），单击"立即清理"按钮清除木马文件。

图 1-2-4　360 安全卫士木马查杀界面

图 1-2-5　360 安全卫士木马查杀结果

（3）在图 1-2-5 所示的木马查杀结果中，显示出 3 个危险项，逐个单击"立即处理"按钮进行选择处理，或用"一键处理"按键进行统一全部处理。

4．电脑清理

360 安全卫士的电脑清理功能提供"清理垃圾""清理痕迹""清理注册表""清理插件""清理软件"和"清理 Cookies 6"个选项。"清理垃圾"选项中可以自行选择清理垃圾文件的范围；选择"清理痕迹"选项可以扫描用户的上网操作痕迹、系统程序的操作痕迹、Windows 自带程序的操作痕迹、办公软件的操作痕迹、媒体播放软件的操作痕迹、压缩工具的操作痕迹、其他应用程序的操作痕迹以及注册表的操作痕迹；选择"清理注册表"选项可以扫描系统注册表中的无效开始菜单、无效右键菜单、无效 MUI 缓存、无效的帮助、无效的软件信息、无效的应用程序路径等设置。360 安全卫士清理插件功能可扫描出计算机系统中的所有插件，分为"建议清理的插件""可选清理的插件"和"建议保留的插件"，以列表的形式呈现，并根据用户的选择清理不需要的插件。Cookies 就是服务器暂存在用户的计算机里的资料（.txt 格式的文本文件），使服务器用来辨认用户的计算机；网站利用 Cookies 可能存在侵犯用户隐私的问题，但由于大多数用户对此了解不多，而且这种对用户个人信息的利用多数作为统计数据之用，不一定造成用户的直接损失，因此现在对于 Cookies 与用户隐私权的问题并没有相关法律约束，很多网站仍然在利用 cookie 跟踪用户行为，有些程序要求用户必须开启 Cookies 才能正常应用；清理 Cookies 不仅清除了系统的冗余，提高系统运行速度，而且也保证了一些私密信息不被泄露；因此有必要养成定期清理 Cookies 的习惯。可以手动清除，也可以选择工具软件清除。清理软件能够清除推广、弹窗和不常用软件。

　　所有的清理扫描结束后，360 安全卫士会自动列出按用户的选择要求检测出的项目，用户可以选择清理这些文件。所有的清理过程都在计算机内部进行处理，不会导致用户个人信息的泄露。

　　电脑清理的操作方法如下。

　　（1）单击 360 安全卫士主界面图中的"电脑清理"按钮，可对计算机中垃圾文件、使用痕迹和注册表等进行清理，如图 1-2-6 所示。

图 1-2-6　360 安全卫士电脑清理界面

　　（2）在图 1-2-6 所示的界面中根据需要选择要清理的类型，避免将不需要清理的项目也清理掉（例如不想清理历史记录，则不要选择"清理痕迹"），在此选择如图 1-2-7 所示的选项进行清理，选择完毕后，单击"一键扫描"按钮。

　　（3）等待扫描结束后，出现如图 1-2-8 所示的界面，若是想查看垃圾的详情，将鼠标指针移动到相应的垃圾项上单击。单击"一键清理"按钮即可将扫描出的不安全插件、Cookies 信息、不安全软件进行清理。

图 1-2-7　选择电脑清理项

图 1-2-8　360 安全卫士电脑清理结果

5．系统修复

系统修复包含系统常规修复和漏洞修复两项，系统常规修复能使系统迅速恢复到"健康状态"；如果系统漏洞较多则容易招致病毒，应及时修复漏洞，保证系统安全，360 安全卫士提供的漏洞补丁均从微软官方网站获取。

系统修复的操作方法如下。

（1）单击 360 安全卫士主界面中的"系统修复"按钮，可对计算机进行系统常规修复和漏洞修复操作，如图 1-2-9 所示。

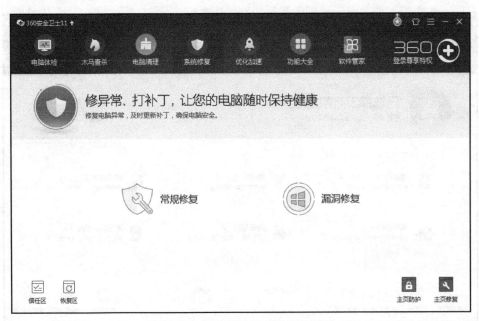

图 1-2-9　360 安全卫士系统修复界面

（2）在图 1-2-9 所示的界面中根据需要选择修复项，在此选择"漏洞修复"选项进行检查，漏洞扫描结果如图 1-2-10 所示，单击"一键扫描"按钮。

（3）在图 1-2-10 所示的界面中，单击"立即修复"按钮，计算机进行自动修复高危漏洞；选择"可选的高危漏洞补丁"和"其他功能性更新补丁"两项根据需要自行选择进行补丁的修复。

图 1-2-10　360 安全卫士系统漏洞扫描结果

6．优化加速

360 安全卫士的优化加速功能可以使计算机开机、运行速度加速。开机速度变慢一方面是由于启动项目过多，另一方面也可能因为系统垃圾文件未及时清理，碎片整理不及时。使用 360 安全卫士的"优化加速"功能可智能分析计算机系统情况，给予最合适的优化方案。

优化加速的操作方法如下。

（1）单击 360 安全卫士主界面中的"优化加速"按钮，可对计算机系统进行优化加速，如图 1-2-11 所示。

图 1-2-11　360 安全卫士优化加速界面

（2）在图 1-2-11 所示的界面中，提供了开机加速、系统加速、网络加速和硬盘加速 4 个选项，用户可以根据实际需求来选择，单击"立即扫描"按钮，程序开始扫描所选内容，扫描结果如图 1-2-12 所示，选择需要优化的项目后单击"立即优化"按钮，360 安全卫士对系统进行优化加速处理。

图 1-2-12　360 安全卫士优化加速扫描结果

7. 软件管家

360 安全卫士可管理应用软件，软件管家可卸载计算机中不常用的软件，节省磁盘空间，提高系统运行速度，软件管家可根据需要查找所需软件并进行下载安装。

软件管家的操作方法如下。

（1）单击 360 安全卫士主界面中的"软件管家"按钮，可对计算机中的软件进行管理，如图 1-2-13 所示。

图 1-2-13   360 安全卫士软件管家界面

（2）在图 1-2-13 所示的窗口左侧显示"我的软件"和所有软件分类选项，选择所需选项后，在右侧列出该类软件，可在搜索框中输入软件名查找所需软件，如图 1-2-14 所示，查找"轻松备份"软件，查找结果在窗口中显示。在软件管理中可进行软件的卸载和升级等操作。

图 1-2-14   查找软件界面

8. 取消自动升级和严禁自启摄像头

在 360 安全卫士使用中，经常要设置一些选项，对计算机进行维护，因为 360 安全卫士在默认安装状态下是进行自动升级的，在 QQ 聊天等软件中可能被远程打开所开机的摄像头。下面介绍如何取消自动升级和严禁自启摄像头。

（1）单击 360 安全卫士主界面中右上角的主菜单按钮，如图 1-2-15 所示，在弹出的菜单中有"设置""检测更新""切换为企业版""隐私保护"等命令，选择"设置"命令后，弹出设置对话框，如图 1-2-16 所示。

图 1-2-15　360 安全卫士主菜单

图 1-2-16　"360 设置中心"对话框

（2）在"360 设置中心"对话框，左侧的"基本设置"子项目中选择"升级设置"选项，在右侧显示升级设置部分的内容，在"升级设置"栏中选中"不自动升级"单选按钮，则 360 安全卫士不再自动进行升级。

（3）在"360 设置中心"对话框左侧选择"安全防护中心"选项，在其下子项目中选择"摄像头防护"，如图 1-2-17 所示，在右侧显示摄像头防护部分的内容，在"摄像头防护"栏中选中"严格模式"单选按钮，可拖动滚动条进行其他设置。

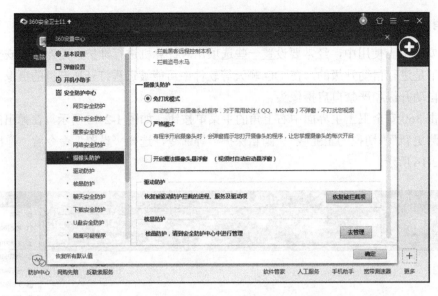

图 1-2-17　360 安全卫士摄像头防护设置

9. 360 隔离沙箱

奇虎 360 隔离沙箱是由奇虎公司推出的账号安全保护软件，主要帮助用户保护即时通信账号、网游账号、网银账号，防止由于账号丢失导致的虚拟资产和现实资产受到损失。360 隔离沙箱采用的主动防御技术可以阻止盗号木马对 QQ、网银、网游等程序的侵入，同时删除任何试图截取键盘输入的非授权驱动、钩子程序等，为程序构建了一个隔离的安全运行环境，达到有效保护网上账号，防止盗号的目的。

360 隔离沙箱的使用方法如下。

（1）单击 360 安全卫士主界面左下角的"防护中心"按钮，弹出如图 1-2-18 所示的界面，在 360 安全防护中心可启动立体防护保护，可进行系统防护、浏览器防护、入口防护和隔离防护等。在图 1-2-18 所示的界面中单击右下角安全实验室"隔离沙箱"图标，进入"360 隔离沙箱"窗口，如图 1-2-19 所示。

图 1-2-18　360 安全防护中心界面

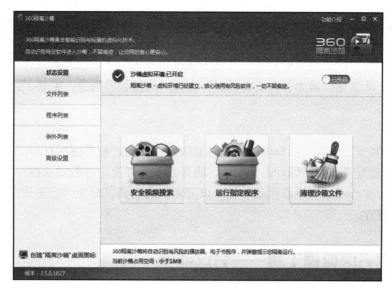

图 1-2-19 "360 隔离沙箱"界面

（2）在图 1-2-19 所示的界面中，对于一些安全性不可靠的软件，如果一定要用，一般可以使用虚拟机进行，在此可放入 360 隔离沙箱中进行运行，单击"运行指定程序"图标，进入"打开"对话框中，在"打开"对话框中选择不可靠的程序后可在隔离沙箱中运行程序，保证计算机的安全可靠。

知识拓展

木马（Trojan），也称木马病毒，是指通过特定的程序（木马程序）来控制另一台计算机。木马通常有两个可执行程序：一个是控制端，另一个是被控制端。木马这个名称来源于古希腊传说（荷马史诗中木马计的故事，Trojan 一词的特洛伊木马本意是特洛伊的，即代指特洛伊木马，也就是木马计的故事）。"木马"程序是目前比较流行的病毒文件，与一般的病毒不同，它不会自我繁殖，也并不"刻意"地去感染其他文件，它通过将自身伪装吸引用户下载执行，向施种木马者提供打开被种主机的门户，使施种者可以任意毁坏、窃取被种者的文件，甚至远程操控被种主机。木马病毒的产生严重威胁着现代网络的安全运行。

特洛伊木马不经电脑用户准许就可获得计算机的使用权。程序容量十分轻小，运行时不会浪费太多资源，因此没有使用杀毒软件是难以发觉的，运行时很难阻止它的行动，运行后，立刻自动登录在系统引导区，之后每次在 Windows 加载时自动运行，或立刻自动变更文件名，甚至隐形，或马上自动复制到其他文件夹中，运行连用户本身都无法运行的动作。

木马的危害：发送 QQ、MSN 尾巴，骗取更多人访问恶意网站，下载木马；盗取用户账号，通过盗取的账号和密码达到非法获取虚拟财产和转移网上资金的目的；监控用户行为，获取用户重要资料。

预防木马的方法：养成良好的上网习惯，不访问不良小网站；下载软件尽量到大的下载站点或者软件官方网站下载；安装杀毒软件，防火墙，定期进行病毒和木马扫描。

插件是指会随着 IE 浏览器的启动自动执行的程序，根据插件在浏览器中的加载位置，可以分为工具条（Toolbar）、浏览器辅助（BHO）、搜索挂接（URL SEARCHHOOK）、下载 ActiveX（ACTIVEX）。

有些插件程序能够帮助用户更方便浏览因特网或调用上网辅助功能，也有部分程序被称为广告软件（Adware）或间谍软件（Spyware）。此类恶意插件程序监视用户的上网行为，并把所记录的数据报告给插件程序的创建者，以达到投放广告、盗取游戏或银行账号、密码等非法目的。

因为插件程序由不同的发行商发行，其技术水平也良莠不齐，插件程序很可能与其他运行中的程序发生冲突，从而导致诸如各种页面错误、运行时间错误等现象，阻塞了正常浏览。

▌▌ 实战演练

1. 取消 360 安全卫士的开机自检运行，将取消窗口界面进行截图保存。
2. 开启 360 安全卫士的局域网防护功能，将开启窗口界面进行截图保存。
3. 启动 360 安全卫士的弹窗拦截功能，设置为强力拦截，避免弹窗干扰工作。对设置的窗口界面进行截图保存。

任务三　硬盘分区管理工具——分区助手

▌▌ 任务目标

1. 能用分区助手软件根据需要对硬盘、移动硬盘和 U 盘等设备进行分区。
2. 能用分区助手软件根据需要对磁盘分区进行大小调整。
3. 能用分区助手软件制作启动光盘和启动 U 盘。

▌▌ 任务描述

安居宝智能家居实业有限公司全国西南地区销售经理李兵在负责西南地区的销售经理工作以后，经过两年多勤恳工作以来，销售业绩有了大幅度的提升，他对所有的客户数据、市场调查情况、产品资料、售后服务情况等许多数据都进行了详细的收集，这些资料都保存在一个移动硬盘中。这些天来，李兵在从硬盘中找资料时颇为烦恼，原因是 1TB 的硬盘只有一个盘的分区，随着存储数据的增多，要快速找到需要的资料很麻烦，为提高效率，李兵想将 1TB 的硬盘分为三个区，将资料进行分类存放于不同的分区中。而对于市场营销专业的李兵来说，他只会简单的计算机操作使用，而对于计算机维护方面知识就比较欠缺；为此他决定抽出时间来学习硬盘分区知识，在经过网络搜索学习，李兵找到了一款比较好用的分区软件——傲梅分区助手软件，决定用它对 1TB 的移动硬盘由一个分区调整为三个分区，第一分区为 500GB，第二分区为 300GB，剩余的为第三分区。

▌▌ 任务实施

1. 分区助手软件界面功能认识

在计算机桌面上双击分区助手程序快捷方式图标，启动分区助手程序，分区助手界面如图 1-3-1 所示。

分区助手是专业级的无损分区工具，它提供简单、易用的磁盘分区管理操作，是传统分区魔法师的替代者，在操作系统兼容性方面，傲梅分区助手软件基本兼容全部常用的操作系统。分区助手在调整分区大小等方面，能无损数据地实现扩大分区，缩小分区，合并分区，拆分分区，快速分区，克隆磁盘等操作。此外，它也能迁移系统到固态硬盘，是一个很好的分区工具。

图 1-3-1　分区助手界面

1）分区助手窗口界面

分区助手界面主要由标题栏、菜单栏、命令栏、工作任务区、状态栏组成。标题栏与 Windows 窗口一样；菜单栏由"常规""磁盘""分区""向导"和"帮助"5 个菜单组成，各菜单下由相关命令组成；命令栏由常用的"提交""放弃""撤销""重做""刷新""快速分区""免费备份"和"教程"等命令按钮组成；工作区分为左右两部分，左边部分上半部为向导，显示各种操作的向导，左边下半部为磁盘操作，显示磁盘操作的相关命令；状态栏显示磁盘分区信息。

2）分区助手的主要功能

分区助手的主要功能如下。

调整分区大小：无损数据扩大分区或缩小分区的容量。

快速分区：为装机人员提供最方便和快速的"快速分区"操作。

合并与拆分分区：合并两个或多个分区到一个分区，拆分一个大分区到多个小分区。

分配空闲空间：重新分配磁盘上的未分配空间给已存在的分区。

创建，删除与格式化：基本分区操作，无论什么情况下都可以直接创建新分区。

复制磁盘与分区：克隆硬盘所有数据到另一个硬盘上。

擦除磁盘与分区：擦除磁盘或分区数据，以防止删除的隐私数据被恢复。

分区按扇区对齐：将分区按 4KB、8KB 等扇区对齐，优化数据存取速度。

主分区与逻辑分区互转：主分区与逻辑分区之间的相互转换。

MBR 与 GPT 磁盘互转：无损数据互转 MBR 磁盘和 GPT 磁盘。

命令行无损分区：可以使用或集成分区助手的命令行让无损分区更方便。

制作启动盘：可以使用分区助手制作启动光盘或启动 U 盘，胜于计算机故障不能正常启动操作系统时，进行启动计算机后进行系统恢复。

2．硬盘分区的调整方法

将移动硬盘插入计算机 USB 接口，计算机检测到设备后启动分区助手，如图 1-3-2 所示，分区助手检测到两个磁盘，磁盘 1 为计算机硬盘，磁盘 2 为移动硬盘，移动硬盘只有一个分区，移动硬盘容量为 1TB，现将磁盘 2（移动硬盘）分为 3 个分区，操作方法如下。

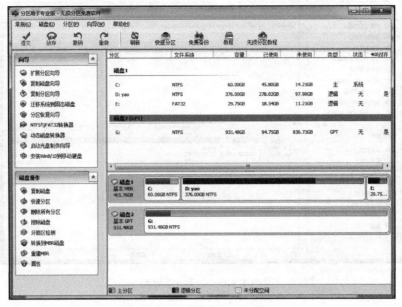

图 1-3-2　分区助手磁盘检测

1）切割分区的方法

（1）在图 1-3-2 所示的界面中选中磁盘 2 的分区 G 分区，在窗口左侧"分区操作"命令区选择"切割分区"命令，弹出如图 1-3-3 所示的"切割分区"对话框。

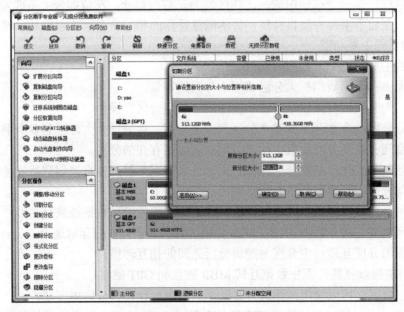

图 1-3-3　切割分区设置

（2）在"切割分区"对话框中设置"原始分区大小"为 400GB，则自动将剩余磁盘空间调整到新分区大小数值框中，如图 1-3-4 所示。

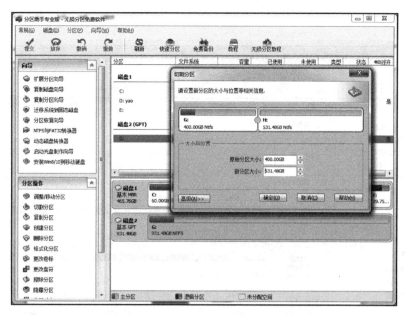

图 1-3-4　调整分区大小

（3）在"切割分区"对话框中，检查设置的原始分区大小值（即切割分区后保留下来的分区大小）和新分区大小值（即从原分区中切割出来的，用于重新进行分为另一个分区的空间）是否正确，调整正确后单击"确定"按钮。切割出来的新分区为 H 分区。

（4）用上面的操作方法对磁盘 2 的新分区 H 分区进行切割分区，设置如图 1-3-5 所示。设置将第一次切割出来的新分区进行第二次切割的原始分区大小值和新分区大小值，然后单击"切割分区"对话框中的"确定"按钮。

图 1-3-5　再次切割分区

（5）在图 1-3-6 所示的界面中，检查磁盘 2 的切割分区数和各分区大小值是否正确，检查完毕后单击命令栏中的"提交"按钮，对切割分区设置操作进行提交，分区助手程序弹出如图 1-3-7

所示的对话框。

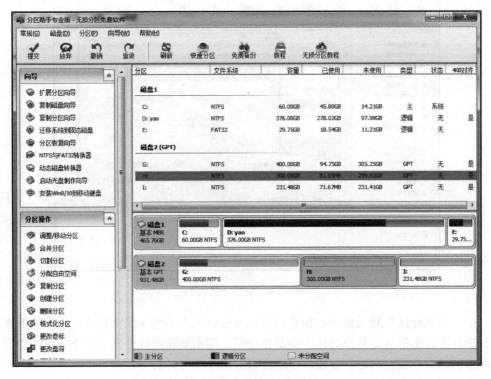

图 1-3-6　磁盘 2 切割设置结果

（6）在图 1-3-7 所示的对话框中提示分区助手已准备就绪，等待执行切割操作，检查无误后单击"执行"按钮，因为切割分区是比较重要的操作，所以再次弹出图 1-3-8 所示的对话框，进行切割操作的再次确认，单击"是"按钮，分区助手开始进行分区切割操作。执行分区切割的过程如图 1-3-9 所示，由于进行的是无损分区切割，原分区中的数据在分区切割后要进行保留，因此切割完成时间与磁盘中分区保留的数据大小有关，数据越大则所需时间就越长，最终完成分区的切割任务。

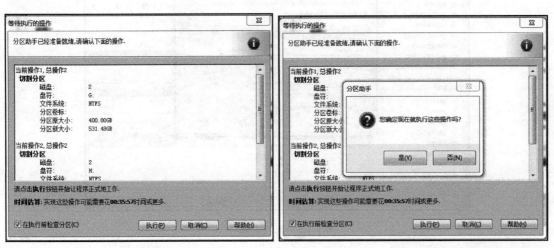

图 1-3-7　切割操作提交对话框　　　　　　图 1-3-8　确定执行切割对话框

图 1-3-9 分区切割进行中

2）创建分区的方法

在一个磁盘中，要在原有的分区中创建两个新的分区，用分区助手可以完成该项工作。

（1）在图 1-3-2 所示的界面中选中磁盘 2 的 G 分区，在窗口左侧"分区操作"命令区选择"创建分区"命令，弹出如图 1-3-10 所示的"创建分区"对话框。

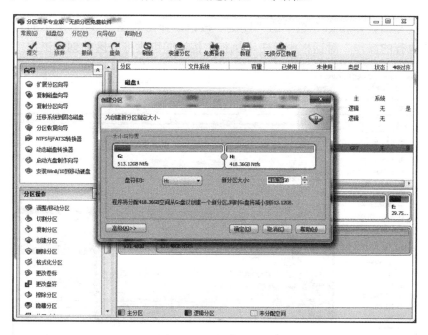

图 1-3-10 创建分区 H

（2）在"创建分区"对话框中拖动分区 G 和分区 H 间的调整滑块，使分区 G 的大小约为 400GB，或在"新分区大小"数值框中输入 600GB，单击"确定"按钮，可在分区 G 中创建出一个新分区 H。

（3）选定新创建的分区 H，在窗口左侧"分区操作"命令区选择"创建分区"命令，弹出如图 1-3-11 所示的"创建分区"对话框。在"创建分区"对话框中拖动分区 H 和分区 I 间的调整滑块，使分区 H 的大小约为 300GB，剩余的为分区 I 的大小；或可在"新分区大小"数值框中输入 300GB，单击"确定"按钮，可在分区 H 中创建出一个新分区 I。

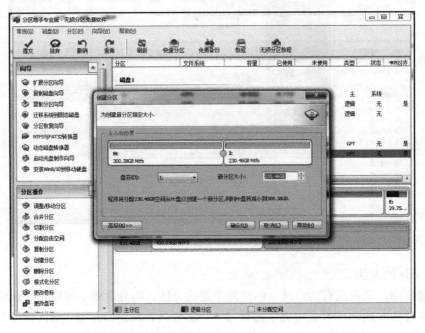

图 1-3-11　创建分区 J

（4）创建完毕后，单击命令栏中的"提交"按钮，弹出如图 1-3-12 所示的对话框，在该创建分区"等待执行的操作"对话框中单击"执行"按钮即可进行分区的创建工作。

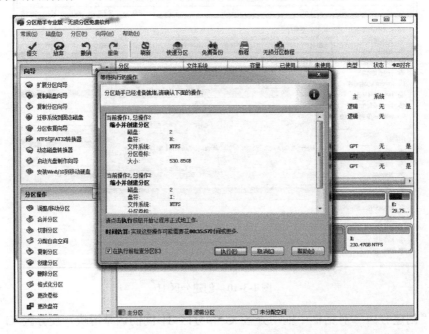

图 1-3-12　创建分区提交对话框

3）调整移动分区的方法

要将一个磁盘中大的分区进行重新分配，将其拆分为两个以上的分区，用分区助手可以完成该项工作。

（1）在图 1-3-2 所示的界面中选中磁盘 2 的分区 G 分区，在窗口左侧"分区操作"命令区选择"调整/移动分区"命令，弹出如图 1-3-13 所示的"调整并移动分区"对话框。在该对话框中首先对分区 G 进行压缩调整，将其压缩为 400GB 的容量。

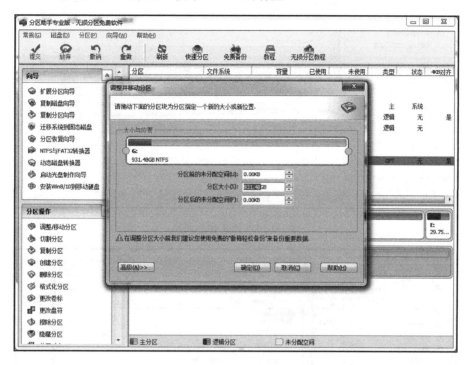

图 1-3-13　调整并移动分区 G

（2）单击图 1-3-13 所示的"调整并移动分区"对话框中的"确定"按钮后，此时分区 G 的容量为 400GB，其他调整出来的磁盘空间为未分配空间。

（3）在磁盘 2 新调整出来的未分配空间上单击，选定后在窗口左侧"分区操作"命令区选择"创建分区"命令，弹出如图 1-3-14 所示的对话框。在"创建分区"对话框中输入新分区的容量大小和盘符，选择分区文件系统格式为 NTFS，单击"确定"按钮可创建新分区 H。用同样的方法对未分配空间进行分区 I 的创建。

（4）调整创建完毕后，单击命令栏中的"提交"命令，弹出如图 1-3-15 所示的对话框，在该创建分区"等待执行的操作"对话框中，单击"执行"按钮即可进行分区的调整创建工作。采用调整/移动分区的方法在进行分区调整是最省时间的一种方法。

人们在买计算机时，磁盘分区与设置分区大小的问题一般都是由计算机公司装机人员设定的，这点并没有引起太多购买者的注意。一般情况下在装机时都将一个磁盘分成 4 个分区，有时候是系统分区 C 盘太小，数据盘太多或 C 盘太多，其他数据盘太小，甚至还有将整个硬盘的所有容量都划分给系统盘使用的情况，总之就是磁盘分区可能不合理。这样的硬盘划分，用户使用一段时间后就会发现分区不合理的问题，用户根据自己的需求可选择分区助手软件来解决此问题，可根据需要重新调整硬盘分区的大小。

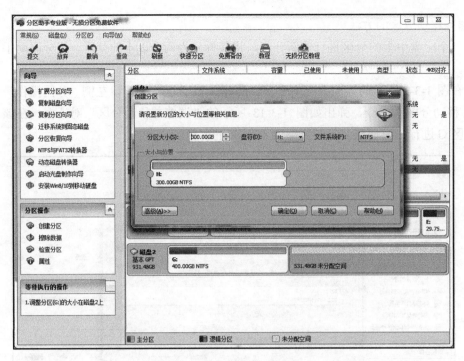

图 1-3-14　分区 H 的创建

图 1-3-15　调整/移动分区提交

知识拓展

1. 硬盘分区类型

硬盘分区类型有主分区、扩展分区、逻辑分区。

硬盘的主分区也就是包含操作系统启动所必需的文件和数据的硬盘分区，要在硬盘上安装操作系统，则该硬盘必须得有一个主分区。

扩展分区也就是除主分区外的分区，但它不能直接使用，必须将它再划分为若干个逻辑分区才能使用。

逻辑分区也就是平常在操作系统中所看到的 D、E、F 等。

2．磁盘文件系统格式

文件系统就是在硬盘上存储信息的格式。在所有的计算机系统中，都存在一个相应的文件系统，它规定了计算机对文件和文件夹进行操作处理的各种标准和机制。因此，用户对所有的文件和文件夹的操作都是通过文件系统来完成的。

目前 Windows 操作系统所用的分区文件系统格式主要有 FAT16、FAT32、NTFS。

FAT16 采用 16 位的文件分配表，能支持的最大分区为 2GB，是曾经应用最为广泛和获得操作系统支持最多的一种磁盘分区格式，几乎所有的操作系统都支持这种格式。采用 FAT16 分区格式的硬盘实际利用效率低，因此如今该分区格式已经很少用。

FAT32 文件系统提供了比 FAT16 文件系统更为先进的文件管理特性，支持超过 32GB 的卷以及通过使用更小的簇来更有效率地使用磁盘空间。作为 FAT 文件系统的增强版本，它可以在容量从 512MB 到 2TB 的磁盘驱动器上使用。FAT32 格式的单个文件不能超过 4G。

NTFS 文件系统的设计目标就是用来在很大的硬盘上能够很快地执行诸如读、写和搜索这样的标准文件操作，甚至包括像文件系统恢复这样的高级操作。NTFS 文件系统包括了公司环境中文件服务器和高端个人计算机所需的安全特性。NTFS 文件系统还支持对于关键数据完整性十分重要的数据访问控制和私有权限。

3．分区原则

硬盘分区实质上是对硬盘的一种格式化，然后才能使用硬盘保存各种信息。创建分区时，就已经设置好了硬盘的各项物理参数，指定了硬盘主引导记录（Master Boot Record，MBR）和引导记录备份的存放位置。而对于文件系统以及其他操作系统管理硬盘所需要的信息则是通过之后的高级格式化，即 Format 命令来实现的。其实完全可以只创建一个分区使用全部或部分的硬盘空间。但无论划分了多少个分区，也无论使用的是 SCSI 硬盘还是 IDE 硬盘，必须把硬盘的主分区设定为活动分区，才能通过硬盘启动系统。

硬盘分区是使用分区编辑器（Partition Editor）在磁盘上划分几个逻辑部分，盘片一旦划分成数个分区，不同类的目录与文件可以存储在不同的分区。分区越多，也就有更多不同的地方，可以将文件的性质区分得更细；但分区太多也会存在一此问题，如空间管理、访问许可与目录搜索的方式，依旧安装在分区上的文件系统。

不管使用哪种分区软件，在新硬盘上建立分区时都要遵循的顺序：建立主分区→建立扩展分区→建立逻辑分区→激活主分区→格式化所有分区。

4．基本磁盘与动态磁盘

磁盘的使用方式可以分为两类：一类是"基本磁盘"基本磁盘非常常见，平时使用的磁盘类型基本上都是"基本磁盘"。"基本磁盘"受 26 个英文字母的限制，也就是说磁盘的盘符只能是 26 个英文字母中的一个。因为 A、B 已经被软驱占用，实际上磁盘可用的盘符只有 C～Z 24 个。另外，在"基本磁盘"上只能建立 4 个主分区（注意是主分区，而不是扩展分区）。另一类是"动态磁盘"。"动态磁盘"不受 26 个英文字母的限制，它是用"卷"来命名的。"动态磁盘"的最大优点是可以将磁盘容量扩展到非邻近的磁盘空间。

动态硬盘是在磁盘管理器中将本地硬盘升级得来的。动态磁盘与基本磁盘相比，最大的不同就是不再采用以前的分区方式，而是称为卷集（Volume），卷集分为简单卷、跨区卷、带区卷、镜像卷、RAID-5 卷。

5. MBR 磁盘与 GPT 磁盘

MBR 记录了整个硬盘的分区信息。在硬盘做分区动作时，保存在被激活的分区（一般是将 C 区激活）中。格式化不能清除 MBR，只有重新分区才能以新的 MBR 信息替换原有的。

GPT 是一种由基于 Itanium 计算机中的可扩展固件接口（EFI）使用的磁盘分区架构。与主引导记录（MBR）分区方法相比，GPT 具有更多的优点，因为它允许每个磁盘有多达 128 个分区，支持高达 18 千兆兆字节的卷大小，允许将主磁盘分区表和备份磁盘分区表用于冗余，还支持唯一的磁盘和分区 ID（GUID）。

▌▌ 实战演练

1. 准备一个 U 盘，用分区助手软件制作一个 U 盘启动盘，并用它进行计算机的启动。
2. 由于计算机 C 盘空间原来划分时分配得较小，现需要从 E 盘中划分 10GB 到 C 盘中，请用分区助手软件完成该项任务，将操作的界面进行截图保存。

任务四　硬盘分区备份及恢复——傲梅轻松备份

▌▌ 任务目标

1. 能用傲梅轻松备份软件根据需要对硬盘分区、文件、文件夹进行备份。
2. 能用傲梅轻松备份软件根据需要对硬盘分区、文件、文件夹进行还原。
3. 能用傲梅轻松备份软件根据需要对磁盘进行备份。

▌▌ 任务描述

安居宝智能家居实业有限公司全国西南地区销售经理李兵在负责西南地区的销售经理工作以后，经过两年多勤恳工作以来，销售业绩有了大幅度的提升，他对所有的客户数据、市场调查情况、产品资料、售后服务情况等许多数据都进行了详细的收集，这些资料都保存在笔记本电脑和一个移动硬盘中。这些天来，李兵遇到了烦恼，由于小孩用笔记本电脑玩时，操作不当将 E 盘中的工作资料删除了。为此，李兵为重新整理这些资料花费了许多时间，李兵就想到如果随时对自己重要的资料能够及时进行备份就好了，要吸取经验教训，决定找一个好用的软件对自己的资料进行备份管理。而对于市场营销专业的李兵来说，计算机他只会简单的操作使用，而对于计算机维护方面的知识就比较欠缺。为此他决定抽出时间来学习备份知识，经过网络搜索学习，李兵找到了一款比较好用的分区软件——傲梅轻松备份软件，决定用它对自己的资料进行管理。

任务实施

1. 轻松备份软件界面功能认识

在计算机桌面上双击轻松备份程序快捷方式图标,启动轻松备份程序,轻松备份程序界面如图 1-4-1 所示。

图 1-4-1 轻松备份程序界面

轻松备份专业版是一款简单易用的备份还原软件,不仅能轻松地 Ghost 系统实现系统备份,还能备份文件、文件夹、硬盘、分区,也能通过定时备份功能定期备份想备份的数据。除了备份外,它也能在数据发生异常时,轻易地还原数据到正常的状态。

轻松备份程序界面由 5 个选项卡功能区组成,每个选项卡下是一组命令功能的集合。首页选项卡主要是备份管理,所有备份的文件可在此进行管理;备份选项卡中有文件备份、系统备份、磁盘备份和分区备份 4 个备份命令选择项;还原选项卡中有选择还原的镜像文件列表框和还原镜像文件路径选择;克隆选项卡中有系统克隆、分区克隆和磁盘克隆 3 个命令选择项;工具选项卡中有检查镜像、创建启动盘、浏览镜像和合并镜像 4 个命令选择项。在轻松备份软件界面上部还有设置命令,单击"设置"按钮后弹出"备份设置"对话框,如图 1-4-2 所示。在"备份设置"对话框中有 5 个选项卡,可进行压缩等级、拆分(可将备份拆分成多个小的镜像文件)、通知、备份方式、VSS(设置后是否允许不关闭运行中的程序进行数据备份)等设置。

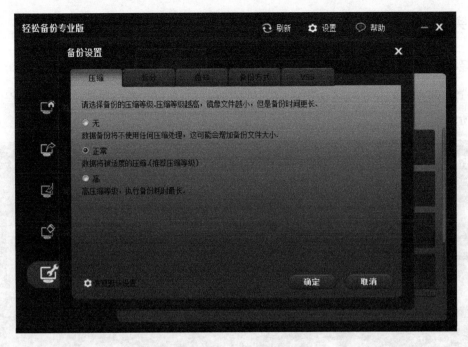

图 1-4-2　轻松备份程序备份设置

2．备份

1）文件备份

文件备份是指备份一个特定的文件或文件夹来防止数据丢失。例如，可以对家庭照片、最爱的音乐或者其他用户文件创建备份。由于文件备份可以直接备份需要的文件而避开不需要的文件，因此它比完整备份方便得多。它不仅节约了大量操作时间，还节省了存储空间。

为了对重要数据进行双重保护，建议用户定期备份它们。用户可以随时设置计划备份或者手动备份这些文件。虽然没有人喜欢无聊的备份操作，但失去宝贵的家庭照片、重要文件会令人烦恼不已。有时无法承受这些珍贵文件的丢失带来的损失，因为它们中的大多数是不可取代的。文件备份的主要作用是加强数据安全，这个功能可以安全地恢复备份文件，无论源文件是由于何种原因丢失的。

哪些文件和文件夹需要备份取决于用户的特定需要。经常进行的备份有以下几种。

文档：包括最近工作内容的文档，还包括放在桌面的临时文件夹。

音乐：如果不想让自己失望，就备份下载的歌曲吧，因为这些歌曲可能都是用户花了大量钱买的。

图片和视频：家庭照片和视频都是无价的，它们都是生命时光的见证。

备份文件或文件夹进行以下操作。

（1）启动轻松备份程序，在"备份"选项卡中执行"文件备份"命令，得到如图 1-4-3 所示的界面。

（2）根据需要单击"添加文件"或"添加目录"按钮，在此单击"添加目录"按钮，弹出如图 1-4-4 所示的对话框。

图 1-4-3　文件或文件夹备份窗口

图 1-4-4　备份文件夹的选择

（3）在"选择文件夹"对话框中，单击"浏览"按钮，出现需要备份文件夹的选择向导，在此选择素材中的文件夹进行备份后选中"包含子目录"复选框，最后单击"确定"按钮，进入如图 1-4-5 所示的界面。

（4）在"任务名称"文本框中输入备份内容的名称，如输入"二维码教学资料备份"，在第二步中选择备份文件存放的位置（在此存于 H 盘，也可存于文件夹中），单击"备份选项"按钮进行备份参数的设置，最后单击"开始备份"按钮，进行备份程序操作，如图 1-4-6 所示。

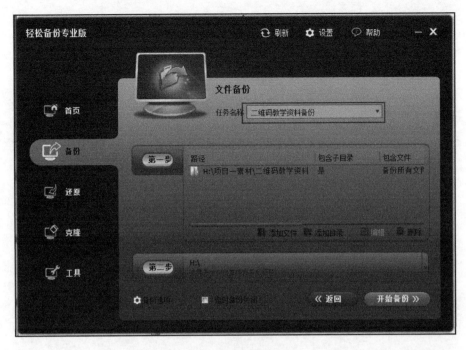

图 1-4-5　备份文件的选定

图 1-4-6　备份进度

（5）文件备份所需时间与备份文件或文件夹有关，当选择备份的文件夹越大时，备份的时间就越长。单击"完成"按钮出现如图 1-4-7 所示的界面。

（6）在备份管理界面可进行新建备份项目，进行已备份内容的管理，选定备份文件后可进行还原，备份文件的新备份（完全备份、增量备份和差异备份）选择，备份高级管理（删除备份、检查镜像、定时备份、编辑备份、属性等）的设定操作。

图 1-4-7　备份管理

2）文件还原

文件还原是一种恢复操作，当原来的文件或文件夹被损坏、篡改或者移除后，恢复该文件或文件夹到它原来的状态。文件还原的主要作用就是从辅助存储设备恢复丢失的数据到本地硬盘。

文件还原操作方法如下。

（1）在轻松备份专业版主界面单击"还原"选项卡，出现如图 1-4-8 所示的界面。

图 1-4-8　"还原"选项卡

（2）单击"路径"按钮，选择备份文件所在的位置，在备份文件所在的位置选择所需还原的备份文件，在列表框中出现要还原的备份文件，如图 1-4-9 所示。

图 1-4-9　选择还原备份时间点

（3）选中还原文件，单击"下一步"按钮，出现如图 1-4-10 所示的界面。

图 1-4-10　镜像信息选择

（4）从列表目录里选择文件。如截图中看到的，这里选择了 H 盘来还原 H 盘中所有的文件和文件夹。单击"下一步"按钮，出现如图 1-4-11 所示的界面。

图 1-4-11 还原位置的选择

（5）选择一个位置，然后软件就会将那些文件还原到选择的位置，有两个选择："还原到原始位置"或"还原到新位置"。根据需要，可以选择任何一个。还原位置选择新位置，在此选择 E 盘，单击"开始还原"按钮执行还原操作。还原完成后单击"确定"按钮，完成文件夹的还原工作，在 E 盘查找是否有还原文件夹。

知识拓展

1. 系统备份

系统备份是指备份所有系统文件、引导文件及系统分区安装的程序，只有同时将系统文件与引导文件备份后，在下一次进行系统还原时才能确保系统正常工作。如果只备份了这两者之一，则在系统还原后可能仍无法使系统正常工作。所以需要了解什么是系统分区和引导分区。

系统分区：即安装有操作系统的分区，通常说的 C 盘，系统文件占用的磁盘空间比较大，如 Windows 7 系统至少需要占用 8GB 的空间。

引导分区：用来存放引导文件的分区，这些引导文件包括 boot.ini、ntldr、bcd、winload、exe 等，引导文件占用的空间可能很小，Windows 7 一般在 200MB 以内。

在 Windows 7 操作系统之前，如 Windows XP、Windows Vista 及 Windows Server 2003 操作系统中，系统分区与引导分区是合在一起的，也即引导分区是系统分区，系统分区也是引导分区，此时在备份系统时只需要一个分区即可。但在 Windows 7、Windows 8、Windows Server 2008、Windows Server 2012 操作系统中，系统分区与引导分区是分开的，系统分区还是可以正常访问的 C 盘，但引导分区是一个大小 200MB 左右的分区，称为 System Reserved，此分区没有盘符，通常无法访问这个引导分区及其中的文件。因此在对 Windows 7、Windows 8 做系统备份时，只有同时备份这两个分区后才算得上是一次完整的系统备份。

备份系统的作用：一般来说，系统在使用一段时间后，家庭用户通常会遇到系统崩溃和出现各种有碍正常使用的问题，此时就需要重装系统。重装系统是比较费时间的，安装一次一般需要半个小时左右，然后还需给系统安装各种驱动程序和应用软件，等一切安装好，也要花 2 小时左右，甚至更长的时间。所以，一般都会在装好系统与常用软件后对整个系统（通常是 C 盘）进行一次备份。如果系统出现问题，则可以快速与方便地将系统还原到前一个正常的状态，以避免从零开始安装系统与应用程序。

2. 磁盘备份简介

随着社会的发展，磁盘备份在信息保护领域充当着越来越重要的角色。当进行磁盘备份时，磁盘上所有的数据，包括操作系统和应用程序都将被备份到一个镜像文件里，而当需要时，这个镜像文件可被用来进行磁盘还原。对于磁盘备份，包括以下几种类型。

1）MBR/GPT 磁盘备份

在特定条件下，磁盘可被设置成 MBR 或者 GPT 类型。这两种磁盘的最大区别在于支持存储容量的大小，MBR 磁盘只能支持不超过 2TB 的容量，而 GPT 磁盘支持超过 2TB 的容量。

2）外部磁盘备份

随着计算机的普及，一些外部磁盘也受到了用户的关注。许多用户把他们的重要或临时的信息存放在外部磁盘上。如很多游戏狂热者将他们的所有游戏存放在一张外部磁盘上，如此来避免占用计算机内部硬盘的空间。在这种情况下，外部磁盘应该提前进行完全备份。因此，很有必要对外部磁盘进行定期备份。

3）硬件 RAID 备份

RAID 是独立磁盘冗余阵列的缩写。它是一种由多个硬盘组成的存储设备。由于大量的数据和文件，RAID 的每个逻辑硬盘都应该备份。

4）备份磁盘以确保数据安全

对于磁盘备份的用途，最大的作用在于数据保护。无论有多少数据，无论数据存放在哪种存储设备上，也无论数据是因何种原因丢失的，都可以从备份的镜像文件恢复到原来状态，既简单又安全。另外磁盘备份还有下列作用。

（1）当新买了一台计算机，并且安装了操作系统和应用程序后，很有必要进行磁盘备份以创建一个镜像文件。如果操作系统或者其他数据分区出现任何问题，镜像文件就可以用来将数据恢复到之前的正常状态。

（2）磁盘备份可用来很好地升级硬盘。它可将硬盘进行从旧到新，容量从小到大，状态从损坏到良好的升级。硬盘升级能解决由于"磁盘剩余空间过少"导致的计算机运行慢的问题。

（3）磁盘备份有助于文件还原。对于许多 Windows 用户来说，他们可能遇到过严重的磁盘问题，由于病毒或者黑客攻击、硬件损坏、错误操作、软件错误、自然灾害等原因引起系统崩溃，导致磁盘里的文件丢失，这时可以用备份的文件将丢失的文件还原到原来状态。

▌▌ 实战演练

1. 请将计算机 E 盘进行分区备份，备份文件保存于计算机的 D 盘上，镜像文件名为"E 盘备份"，将备份的各界面进行截图保存。

2. 对系统进行备份操作，备份文件保存于 D 盘，文件名为"systembk"，将备份的各界面进行截图保存。

项目二　网络搜索与优化工具

▌项目描述

　　网络搜索与优化工具项目主要是围绕综合信息搜索、垂直网站信息搜索与选择、小众信息的获取策略与方法三方面的内容展开的。在包罗万象的网络世界里，人们操作鼠标单击网页中的链接就可以了解到一切，获取人们想知道的、了解人们好奇的、满足人们需要的。但在接收这些信息的同时，又存在着一定的误区和盲区。人们通过搜索引擎或是某些网站得到的信息的准确性和可靠性都不能完全地让人们受益，所以在使用搜索功能时借助一定的搜索技巧可以提高获取的信息的准确性，帮助人们鉴别信息的可靠性。而有些信息如淘宝、微信中的内容在搜索引擎里就难以搜索到，就只能通过垂直网站或小众渠道来获取这些信息；再比如招聘信息也只能通过专门的招聘网站才能找到。

　　信息技术、互联网对人类生活的冲击才刚刚开始，未来还会有更大、更彻底的改变，所以掌握网络，利用网络，是现代人必备的技能。

　　信息是分层的，信息是分圈的，信息是从私密到公开，有多种层次，多种表现的。

　　无论是搜索技巧、优化工具还是垂直网站和小众渠道的信息获取，通过本项目的学习可以让读者感受搜索带来的巨大魅力，提升读者对搜索的理解和运用能力，并引导大家去探究关于网络搜索的更多内容。

任务一　综合搜索信息——百度、搜狗、谷歌

　　计算机在接入互联网之后，最主要的功能就是搜索，利用搜索引擎，可以在纷繁复杂的网络世界里进行信息的综合搜索，过滤"信息杂质"，获取人们想要的信息结果。搜索可以说是一个不断发展和完善的工具，目前在国内，百度占据了最主要的搜索市场，运用百度可以搜索网页、图片等不同需求类型的内容；而微信自身具有的搜索功能则是由搜狗提供的单独搜索。在国际上使用的则是谷歌。

　　通过搜索获取信息可以让人们足不出户就可以了解大千世界发生的一切变化和产生的新鲜事物，有人说一个人最终的"死亡"是与世界脱轨，失去了获取信息的能力，可想而知搜索对于人们的生活有着极为重要的作用。如何获取信息，也就成为人们保持"生命活力"的制胜法宝。

▌任务目标

　　1．获取排名前五名的云南知名旅游景点。

　　2．找一张排名前五名旅游景点最美的照片。

　　3．搜索旅游景点周围的吃住情况。

任务描述

连接互联网后利用不同的搜索工具和丰富的搜索技巧来获取对用户有用的信息，可以为用户的生活带来极大的便捷。在搜索的世界里，不仅有搜索引擎，更有利用大数据进行分析获取信息的智能机器人。

搜索过程中，想要通过搜索同一类别的内容来将其进行一定的排名，就需要了解一定的搜索技巧和方法，这些技巧和方法能够帮助用户更快更准确地找到搜索的目标内容。本任务的第一部分介绍搜索的技巧和方法。

而网络世界包含的内容纷繁复杂，如何选择有用的信息是利用搜索获取信息的重中之重，"取其精华，去其糟粕"，通过选择过滤网络杂质，才能获取想要的内容。本任务的第二部分，将介绍如何选择想要获取的信息。

人们依赖互联网，想要通过互联网的搜索功能为自己提供方便，那么学会分析比较获取到的信息的可靠性能够让用户不被互联网所害，而是能够利用互联网获得"好处"。本任务的第三部分将介绍解分析比较信息可靠性的方法。

任务实施

1. 搜索前的准备

1）完成形式

以小组组内合作、组间竞赛的形式进行，学生根据搜索内容自行搜索，然后展示搜索结果并进行相关阐述。

2）搜索引擎

百度是全球最大的中文搜索引擎，每天处理数以亿计的搜索请求，它的使命是让人们最平等、便捷地获取信息，找到所求。

在完成该搜索任务时，使用"百度"搜索引擎获取信息。

操作方法如下。

（1）打开任意浏览器，输入百度网址 www.baidu.com，进入百度搜索界面，如图 2-1-1 所示。

（2）输入搜索的内容。百度搜索内容类型包括网页、新闻、贴吧、知道、音乐、图片、视频、地图、文库等，如图 2-1-2 所示。

图 2-1-1　百度搜索引擎界面

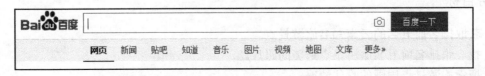

图 2-1-2　百度搜索内容类型

2．实施搜索任务

1）搜索"云南知名旅游景点"，对这些景点进行优先级排名，并阐述排名的根据。

（1）在百度搜索框中输入"云南知名旅游景点排行榜"，将"排行榜"作为关键词。

运用一定的搜索技巧可以帮助用户更加准确直接地获取想要的内容，搜索到的内容如图 2-1-3 所示。

图 2-1-3　云南知名旅游景点排名的搜索结果

（2）打开搜索结果中的任一结果，进行查看。

从某网站的目的地攻略中找到了关于云南知名旅游景点的排名，如图 2-1-4 所示。从这个搜索结果中可以看到，这种排名式的搜索结果只给出了排名，并没有说明排名的理由。这样的排名对于想要获取准确信息的用户来说就缺乏可靠性，无法令人信服。

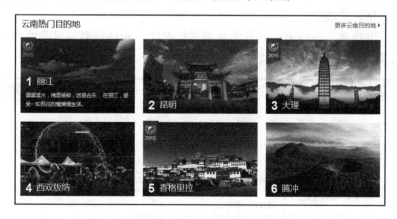

图 2-1-4　从某网站的目的地攻略中获取的搜索结果

在搜索结果中给出排名依据，如游客的评分，专业旅游人士的观点或者网民对旅游景点的投票等就会显得排名较为可靠，有说服力。图 2-1-5 所示的是从搜索结果中获取到的利用评分得到的景点排名，图 2-1-6 所示的是对旅游景点的投票，包括去过和想去两部分评分得到的排名结果。

图 2-1-5　评分形式的景点排名

图 2-1-6　投票形式的景点排名

完成"云南知名旅游景点排行榜"的搜索操作后，请同学们展示自己通过搜索获取的景点排名，并说一说这样排名的理由。

（3）运用"百度指数"与搜索中获取的结果进行对比，验证排名的可靠性和真实性。

① 在百度搜索界面搜索"百度指数"，如图 2-1-7 所示。

图 2-1-7　搜索百度指数

② 打开百度指数官网，百度指数的界面如图 2-1-8 所示。

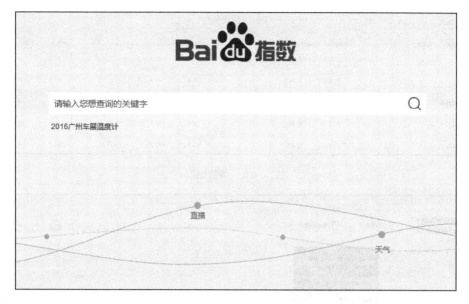

图 2-1-8　百度指数界面

百度指数可以反映搜索的另外一面,是互联网乃至整个数据时代最重要的统计分析平台之一,其可以告诉用户某个关键词在百度的搜索规模有多大,帮助用户优化搜索结果,提高准确性和可靠性。

③ 在百度指数搜索框中输入"丽江",打开百度指数具体搜索界面,如图 2-1-9 所示。

图 2-1-9　输入待对比的关键词

④ 输入图 2-1-4 所示的景点排名结果:丽江、昆明、大理、西双版纳、香格里拉,作为对比关键词。

利用百度指数查看同期这几个景点在百度中的搜索量,将知名旅游景点排名的前五名输入作为需要对比的对象,百度指数可以更加直观地对比搜索结果,明确云南排名前五的知名旅游景点哪一个更出名,热度更高。

⑤ 将关键词输入完毕后,单击"确定"按钮,可以得到经过百度指数统计分析的结果。

百度指数统计分析的结果包括"指数概况"(图 2-1-10)和"指数趋势"(图 2-1-11)。分析指数概况和指数趋势,用户可以明确了解到从百度海量网名的数据分享中获取的结果是否准确可靠。

用户也可以将自己搜索到的结果运用百度指数进行对比和确认,结果是否一致。

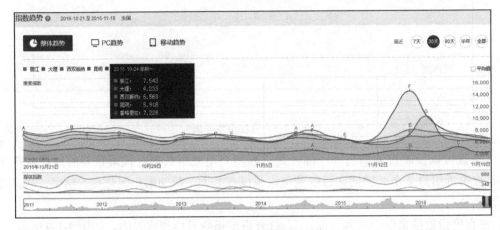

图 2-1-10　指数概况

图 2-1-11　指数趋势

2）搜索"排名前五的知名旅游景点最美的照片"。

搜索照片是搜索的另外一种方式，它是通过搜索程序，向用户提供互联网上相关的图片资料的服务，其目的是查找出自己所需要的特定图片，具有较广的发展前景，不识字的百度搜索用户也可以通过图片搜索获取想要的信息。

（1）在百度搜索框中输入"丽江古城最美的照片"，选择图片搜索类型进行搜索，结果如图 2-1-12 所示。

图 2-1-12　丽江古城最美的照片搜索结果

在搜索结果中可看到相关搜索提示有"丽江古城雨"等关键词不同方面的关于丽江古城最美的景色，这些提示词都可以帮助用户进行搜索，获取想要的内容。

（2）依次搜索获取到的云南知名旅游景点排名的每一个景点的最美的照片。

对于最美的照片每个人的评价标准都是不一样的，同学们可以根据自己的搜索结果与周围的同学分享一下为什么你认为找到的照片是丽江最美的风景。

3）搜索"知名景点周边的吃住情况"。

（1）搜索特色景点周围的住宿情况。以丽江古城为例进行说明。

① 在百度搜索框中输入"丽江古城客栈"关键词，获取搜索结果。

网页类型的搜索结果如图 2-1-13、图 2-1-14 所示，地图类型的搜索结果如图 2-1-15 所示。

图 2-1-13　网页类型的搜索结果 1

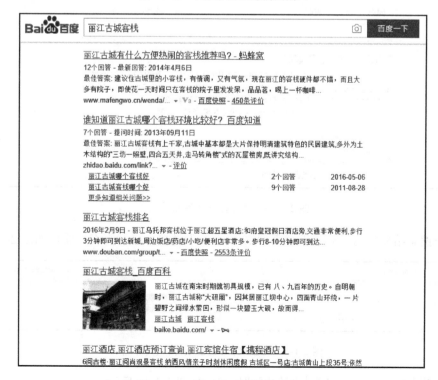

图 2-1-14　网页类型的搜索结果 2

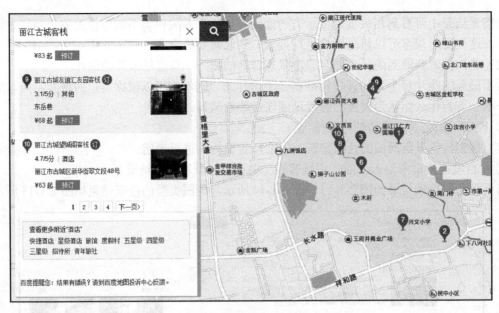

图 2-1-15 地图类型的搜索结果

对比选择两种搜索类型得到的结果，网页类型的结果不如地图类型的具体，地图类型的结果给出的是客栈的具体信息，包括名称、评分、地点及价格，更为直观地提供给用户需要的信息。

② 使用"站长工具"查询网站权重。

a. 在百度搜索框中输入"站长工具"，搜索结果如图 2-1-16 所示。

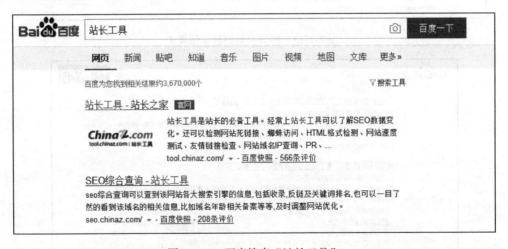

图 2-1-16 百度搜索"站长工具"

b. 单击搜索结果中的"SEO 综合查询-站长工具"链接，打开查询界面，如图 2-1-17 所示。

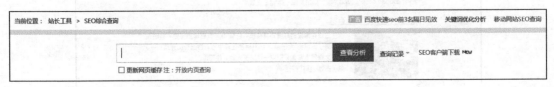

图 2-1-17 SEO 综合查询-站长工具界面

c. 输入艺龙网网址，查询艺龙网的网站权重，如图 2-1-18 所示。

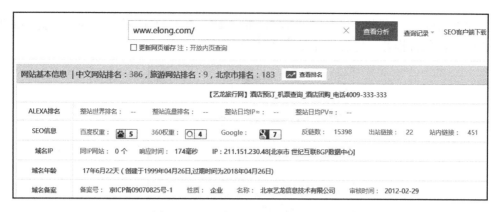

图 2-1-18　艺龙网的网站权重查询结果

利用站长工具中的 SEO 综合查询可以帮助用户对搜索结果进行鉴别，获取有用的信息。

鉴别的方法有：第一，靠前的内容参考价值高，广告除外，如百度知道的提问；第二，专业的第三方信息比广告参考价值大，不存在利益的第三方信息分享者，如游客的旅游攻略分享或者专业人士的分析；第三，承载搜索结果的网站权重，利用站长工具查询网站的权重，比如常见的旅游咨询网站途牛、去哪儿、艺龙，其中艺龙的网站权重查询结果如图 2-1-18 所示。SEO 信息中，在百度、360 搜索和 Google 的权重分别为 5、4、7，说明艺龙在 Google 的信息发布更为有效，即评分越高网站权重越高，越具有可信度。

（2）搜索特色景点周围的餐饮。以"度秘"为例进行介绍。

① 在百度搜索框中输入"度秘"，搜索结果如图 2-1-19 所示。

图 2-1-19　"度秘"搜索结果

② 单击"度秘官方网站"链接进入度秘下载界面，如图 2-1-20 所示，根据需要选择 Android 下载或 iPhone 下载。

图 2-1-20　度秘下载界面

③ 下载成功后，在手机上打开"度秘"，界面如图 2-1-21 所示。其为人们提供的服务如图 2-1-22 所示，包含推荐、电影、生活、外卖等。

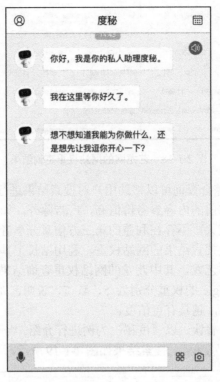

图 2-1-21 "度秘"界面

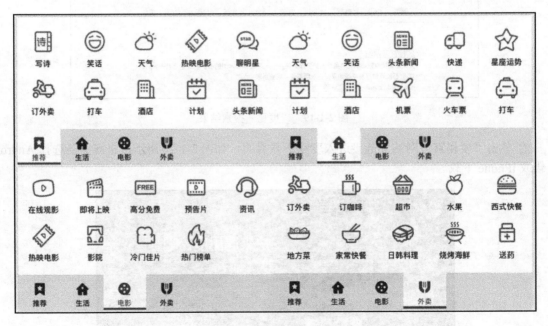

图 2-1-22 度秘的服务内容

④ 在度秘搜索框中通过语音或者文字输入"帮我找点好吃的"，搜索结果如图 2-1-23 所示。

度秘像是一个贴身的私人管家为用户提供服务，定位于周边，找寻周边的服务。出现如图 2-1-23 所示的回复内容，说明度秘暂时未能提供用户需要的服务内容，用户可以尝试搜索一下其他的内容，如输入"我想看电影"，搜索结果如图 2-1-24 所示。

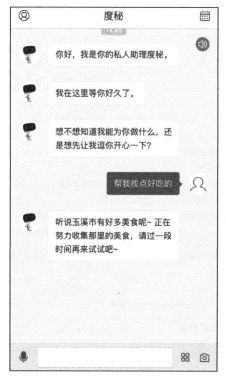

图 2-1-23　搜索餐饮结果

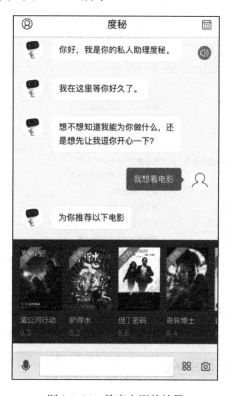

图 2-1-24　搜索电影的结果

知识拓展

1. 百度搜索技巧

在利用百度搜索引擎进行信息搜索和结果获取的过程中，往往会遇到搜索结果和预期大相径庭的情况。用好百度搜索技巧可以帮助用户获得想要的搜索结果。

（1）intitle 搜索范围限定在网页标题

网页标题通常是对网页内容提纲挈领式的归纳。把查询内容范围限定在网页标题中，有时能获得良好的效果。注意"intitle:"与后面的关键词之间不要有空格，如"出国留学 intitle:美国"。

（2）-不含特定查询词/+包含特定查询词

查询词用减号-语法可以在搜索结果中排除包含特定关键词的所有网页。查询词用加号+语法可以在搜索结果中必须包含特定关键词的所有网页，如"电影+qvod""电影-qvod"。

（3）Filetype 搜索范围限定在指定文档格式中

查询词用 Filetype 语法可以限定查询词出现在指定的文档中，支持文档格式有 pdf、doc、xls、ppt、rtf、all（所有上面的文档格式），对于找文档资料相当有帮助。如"Photoshop 实用技巧 Filetype.doc"

（4）百度高级搜索页面

百度高级搜索页面不为人们所熟知，可以通过访问 http://www.baidu.com/gaoji/advanced.html 网址，百度高级搜索页面将上面所列举的所有的高级语法集成，用户不需要记忆语法，只需要填写查询词和选择相关选项就能完成复杂的语法搜索，如图 2-1-25 所示。

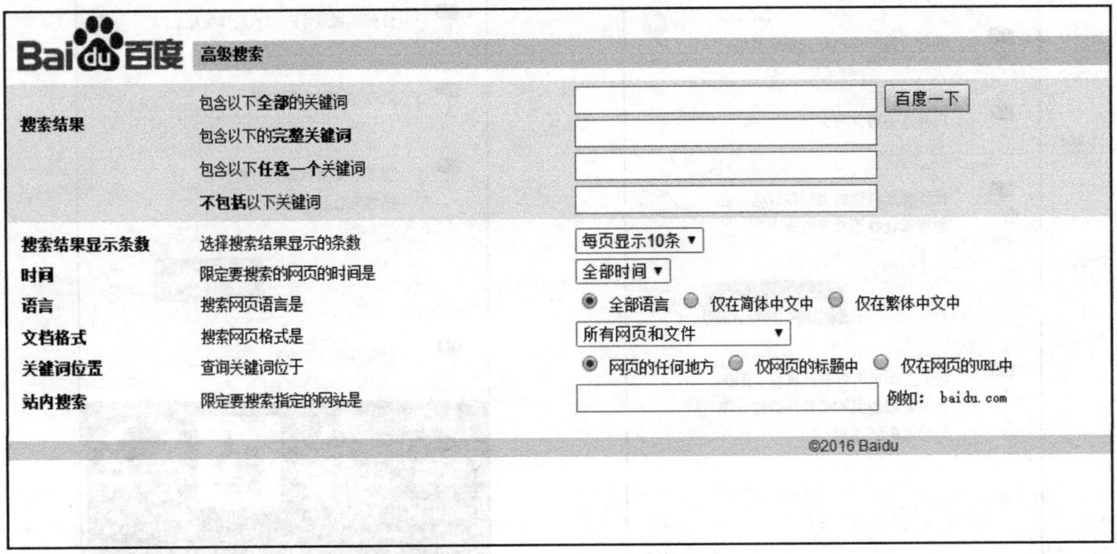

图 2-1-25 百度高级搜索界面

2. 图片搜索

（1）图片搜索

目前的图片搜索仍然处于不够完善的阶段，还有很大的提升空间。

图片搜索的应用分为搜索引擎和视频搜索两种。

搜索引擎即输入图片搜索网页，目前国内的图片搜索网站有"安图搜"，该网站主要应用于网络购物搜索比价购物。使用图片在该网站上进行搜索，就可以找到全网同款商品。淘宝的拍照识别搜索功能也能实现这个功能。

视频搜索是基于图片的视频搜索，俗称"按图找片"，类似于 Google Images 或者百度的图片搜索，属于 Image Searching 中的一个细分种类。它实现的功能是根据上传图片找到相关的内容，只是按图找片法会根据图片的内容找到对应的影视剧或者相关视频，甚至精确到影视剧中的固定时间点。

按图找片功能由快播播放器首先开发并推出，用户只需将图片下载到本地并拖入到快播播放器，或者直接把图片从浏览器拖入到快播播放器，就可以实现按图找片并播放。

（2）百度无人车

百度无人车利用图像的不断检索和对比、运算来辨别周围的事物，实现汽车的无人驾驶。它的出现更加体现了搜索的巨大魅力。

用户可以搜索百度无人车的相关视频感受这项技术的魅力所在，如图 2-1-26 所示。

图 2-1-26　百度无人车驾驶

3．百度产品

在百度还诞生了很多新奇好玩的产品，如新上线的百度 VR 社区、虚拟现实技术，改变从前的购物、观影模式，变得更加逼真和实际，如图 2-1-27 所示。

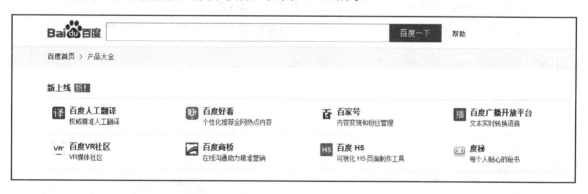

图 2-1-27　百度产品

▌▌实战演练

1．利用百度搜索，找出排名前五位的招聘网站，如 58 同城、赶集网、中华英才网、智联招聘等，并将搜索步骤和结果截图保存，进行组内讨论交流。

2．使用度秘的其他功能，感受智能秘书为生活带来的便捷，同学之间进行交流分享。

任务二　垂直网站信息搜索与选择

利用百度、谷歌、搜狗等工具搜索信息是有局限性的，如淘宝网、微信等网站软件不对百度开放，因此百度无法获取这些地方的信息。

其次，百度获取信息是滞后和不完整的，许多网站每时每刻都在产生大量的信息，百度获取的仅仅是这些网站信息的一部分，这就导致了有些信息不能通过百度搜索，或者说通过百度搜索就不是一个好办法。

本项目将介绍垂直网站及如何从垂直网站获取信息，由于网站众多，在这里选取一些影响力大、常用的网站为大家介绍。

任务目标

找一项月收入 500 元以上的靠谱兼职工作，最好是本地兼职，其次是网络兼职。

任务描述

从学校走向社会是每一个学生必经的过程，在学生时代，尽量做一些兼职工作，有利于提前了解社会，锻炼工作能力，还能从劳动中获取回报，补贴学费，减少家庭负担。

但是很多同学并不善于利用网络，该如何找一个靠谱的兼职工作呢？

本任务从信息搜索、信息鉴别、信息选择多个角度，带领学生探索寻找兼职工作的方法。

任务实施

1. 寻找靠谱的兼职网站

要想找到靠谱的工作，首先要到靠谱的兼职网站，哪些网站提供的兼职机会更靠谱呢？

（1）在百度中搜索关键词"兼职"，搜索结果如图 2-2-1 所示。

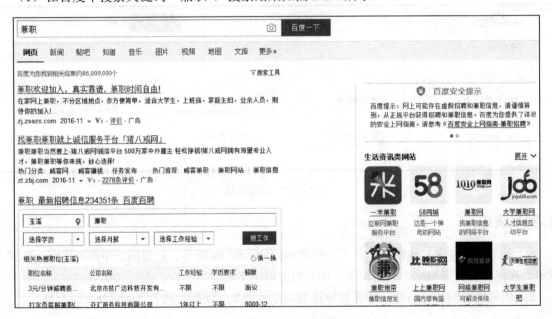

图 2-2-1　百度搜索"兼职"结果

左侧搜索结果下半部分可以看到一些工作信息，这些工作是从一些招聘网站中获取的，百度认为这些网站提供的信息是有价值的，百度对各种网站是有判断的，通常百度推荐的信息，来自更可靠的网站，所以这些信息站会更可靠一些。

在右侧可以看到一些相关网站，通常这里推荐的是可靠度高一点的网站，这些网站可以成为候选网站。

（2）在百度新闻搜索界面，搜索关键词"兼职 网站 ceo"，搜索结果如图 2-2-2 所示。

图 2-2-2　百度搜索"兼职 网站 CEO"结果

　　为什么要这样搜索呢？因为百度新闻选取的网站比网页搜索中的靠谱。有一定规模的兼职网站的 CEO 更容易被媒体报道，更容易出现在新闻搜索结果中。

　　比如新闻第二条报道了一个网站——e 兼职网，也看到了这个网站的融资，该网站首页如图 2-2-3 所示。

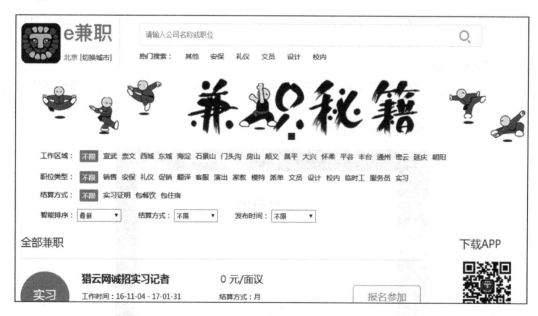

图 2-2-3　e 兼职网站首页

　　对网站创始人，投融资情况，公司背景了解得越多，就越容易判断这个网站是否靠谱。

　　（3）用百度搜索关键词"兼职 app 排行榜"，结果如图 2-2-4 所示。

　　一些业内网站，机构会做一些排行榜，通常能进入质量较高排行榜的兼职网站会更靠谱，目前 PC 向手机转移，所以很多兼职网站推出了 App，从手机 App 中寻找兼职的机会更方便、灵活。

　　（4）请大家选择 5 个自己认为靠谱的兼职网站，并说一说，自己的选择理由，把选择结果保存成作业格式，作为课堂作业上交。

图 2-2-4　百度搜索"兼职 app 排行榜"结果

同时请 3 位同学发言，要求声音洪亮，思路清晰，有说服力。

2．注册并投递简历

选好了兼职网站，就可以浏览兼职工作信息了，如果看到中意的兼职工作，就需要投递简历，而投递简历的基础是要注册成为该网站的会员。

1）注册兼职网站

目前多数兼职网站的注册都需要绑定手机号码，也可以通过第三方的 QQ、微信等账号快速注册。

图 2-2-5 所示的是 58 同城的注册界面。

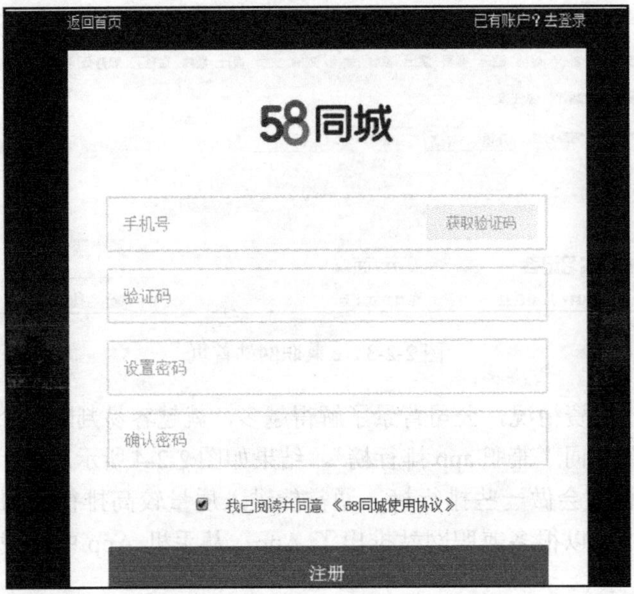

图 2-2-5　58 同城的注册界面

需要注意是，为了避免注册信息的遗忘，要保存好账号密码信息。

2）选择兼职工作

图 2-2-6 所示的是 58 同城北京地区的促销类兼职。

统一饮料周末促销	尚行伟业	120元/天 周结	斗米
周末超市促销	瑞博源	130元/天 周结	斗米
超市酸奶促销	瑞博源	120元/天 周结	斗米
□ GAP龙湖时代天街招兼职	盖璞（上海）商业有限公司1 代招	21元/小时 月结	置顶
□ 150天六日一物美大卖场	北京物美大卖场商业有限责任公司	150元/天 周结	置顶
□ APP体验	北京无限探米科技有限公司 1年	30元/小时 日结	今天
□ 促销员	北京佳跃星途科技有限公司 1年	130元/天 日结	今天
□ 燕郊鑫乐汇商场GAP特卖	盖璞（上海）商业有限公司1 代招	17元/小时 月结	今天
□ 商场客流量统计兼职	北京北斗星光文化传媒有限公司 1年	140元/天 周结	今天
□ GAP蓝色港湾店招聘兼职	盖璞（上海）商业有限公司1 代招	21元/小时 月结	今天
□ 招聘客服	北京佳跃星途科技有限公司 1年	120元/天 日结	今天
□ GAP西直门凯德广场招聘	盖璞（上海）商业有限公司1 代招	21元/小时 月结	今天

图 2-2-6　58 同城北京地区的促销类兼职

从图 2-2-6 中可以看到，前三条后面标有“斗米”，是从 58 同城、赶集网中分离出来的专注兼职的兼职网站。排名越靠前，发布兼职信息的商家付出的代价越高，兼职质量要更高一些。

第四条、第五条信息有“置顶”标志，每一条置顶信息商家是要单独出价的，这样的信息质量也会更高。

第六条、第七条公司名后面有一个图标，这是 58 同城会员的标志，通常有会员标志的信息比没有会员标志的信息质量更高，会员年限越长的信息质量越高。

兼职类工作比全职工作情况更复杂。所以需要求职者更认真、用心地鉴别，不要轻易相信，盲目选择。

通常应该查询招聘单位背景资料，创办时间比较久的企业、网络中没有负面消息的企业较靠谱。

还有一个简单方法，一些规模小的公司通常会留手机号码，假如这个手机号码是老板本人，并且时间很长的，这个工作可靠性要高一些。

如果公司是新创办的，老板、招聘负责人的手机号码是新的，可靠性就差一些。

3）联系与投递简历

选好工作后，很多求职者就直接投简历了，其实用人单位更希望有主动性的员工，所以找到有兴趣的兼职工作后，应该与招聘方取得联系。

要尽量问清楚招聘方的要求，工作的时间、方式、地点、待遇等，不要认为这些问题招聘方在网站上已经发布了，就不用问了。

有些招聘方发布信息后，实际情况又有变化，但是并没有及时更新网站上的信息，所以通过电话直接联系，问清楚关键问题还是有必要的。

更重要的是通过电话能进一步了解招聘方，避免被骗，或者工作以后产生纠纷。

尽量加招聘方的 QQ、微信，通过视频了解工作环境和公司环境。

网上的信息都是人发的，就像有些人说话不靠谱，有些人善于欺骗，网上的信息目前还难以做到全部真实有效。尤其兼职类工作，有大量的欺诈信息、说到做不到的信息，因此鉴别靠谱的工作是对网络信息筛选很重要的一环。只有这样网络的信息才能有利于自己，而不是自己被网络信息所害。

4）干好兼职锻炼自己

（1）学生的心理承受能力相对还不是特别的成熟。在学习期间去接触社会、去了解社会，在一定的程度上能够提高学生的受挫能力及承受能力；更好地认识自己，有助于学生更好地改进自身的不足，发挥自己的优势，树立自信心坦然地去面对一切事情。

（2）真正能够提供给学生锻炼各方面能力的机会还是比较少的，学校会是个不错的地方，但在校外的机会对于学生还是很多的，且能够比较全面地锻炼学生各方面的能力，尤其是沟通能力、应变能力和团结合作能力。现在很多的大学生缺乏一种团体合作的概念，喜欢突显自己的个性。而兼职能在工作前给学生一个机会去锻炼自己，使学生懂得什么是团体合作，如何去与他人一起合作。

（3）大学生做兼职可以补贴生活费用，让自己体会到赚钱并不是一件容易的事情，或许会改变大手花钱的习惯，而且可以减轻家里负担，尤其对于家庭困难的同学而言，更是有所裨益。

兼职也有其弊端。

（1）兼职虽然可以增加社会经验，增强实践能力但却占用了大量的课余时间，对学生的学习成绩有一定的影响。

（2）许多学生缺乏社会经验和阅历，警惕性不高，在兼职广告满天飞的情况下，看到待遇优厚的兼职广告不先了解具体的工作情况就往里钻。别有用心者会利用学生们急于实践的心理，给出"相当优厚"的薪资条件吸引大学生上钩，很多同学认为兼职是一个短期的工作，没有签协议的必要，只和对方达成口头协定，之后就开始埋头工作，却不想如果对方不认账了，自己就成了廉价劳工：免费劳工。

对于在校学生兼职这一事实来说，利益问题是矛盾的主要方面，整体上兼职工作对个人和社会发展起到了推动作用。

▌▌ 知识拓展

1. 垂直类网站与工具介绍

相对百度这种综合类网站，更多的网站是专注于某一个较窄的领域，这类网站通常称为垂直类网站。

随着技术的成熟，互联网的普及，大量的信息越来越多地被一些专业垂直网站积累与存储，垂直类网站每天会产生大量的新信息，通过这些专业网站，用户几乎可以了解想了解的一切。

所以了解一些垂直网站，有助于我们获取更新、更专业的信息。目前全球的网站数量是个天文数字，中文网站的数量也非常庞大，有一个简单办法可以快速了解更多网站，可以参考一些导航网站如图 2-2-7 所示。

新闻	军事	电视剧	电影	综艺	动漫	明星	购物	小游戏	页游	搞笑
页游	盗墓笔记	1刀9999级	装备全靠打	传奇变态版	送麻痹戒指	蓝月传奇Ⅱ	热血传奇			更多»
影视	高清电影	电视剧	动漫	综艺	蜗牛有爱情	YY美女在线	幻城			更多»
视频	爱奇艺高清	优酷网	响巢看看	腾讯视频	六间房秀场	来疯美女秀	斗鱼TV			更多»
游戏	7K7K游戏	4399游戏	蓝月传奇	超变态私服	37游戏	传奇霸业2	2016新传奇			更多»
新闻	新浪新闻	今日头条	头条新闻	搜狐新闻	腾讯新闻	环球网	联合早报			更多»
军事	中华军事	凤凰军事	今日军事	战略军事	环球新军事	米尔军情网	军事前沿			更多»
软件	手机	银行	股票	理财	保险	棋牌	音乐	漫画	小说	
温州	19楼空间	爱上租	浙江政府网	温州网	中国温州	温州热线	温州人社局			更多»
购物	亚马逊	天猫女装	京东商城	国美在线	天猫精选	天猫进口	苏宁易购			更多»
双11	聚划算	好货精选	时尚女装	超市特价	正品母婴	厨电特卖	彩电促销			更多»
银行	工商银行	建行	中国银行	农行	招商银行	交通银行	支付宝			更多»
财经	东方财富	金融界	凤凰财经	网易财经	搜狐财经	雪球网	第一财经			更多»
理财	新浪理财	易通贷理财	平安陆金所	融360	P2P理财	2345理财	凤凰理财			更多»
二手车	汽车	壁纸	明星	减肥	女性	星座	笑话	酒店		
汽车	汽车大全	汽车之家	爱卡汽车	热门车型	瓜子二手车	热卖二手车	违章查询			更多»
旅游	携程旅行网	旅游特卖	途牛旅游网	旅游线路	同程旅游网	去哪儿酒店	特价飞机票			更多»

图 2-2-7　网站导航

2．比较常用的垂直信息网站和工具

（1）最亲密的信息——微信

微信的朋友圈已成为绝大多数网民的信息来源，除了直接看朋友圈，我们还可以通过搜索，获取更多的微信中的信息，在 PC 端可以通过搜狗搜索来实现，界面如图 2-2-8 所示。

图 2-2-8　搜狗微信搜索界面

（2）生活服务信息——58 同城（图 2-2-9）。

图 2-2-9　58 同城首页

58 同城是美国纽约证券交易所上市公司，国内专业的本地、免费、真实、高效生活服务平台。找租房，找二手房，找工作，找兼职，二手车交易，买卖宠物，找搬家，找保姆，找保洁，租车拼车，工商注册，婚车婚宴都可以在 58 同城上找到相关信息。

（3）商品信息——淘宝网

淘宝囊括了几乎所有的商品信息，但是淘宝拒绝百度的抓取，大量的淘宝信息无法在百度中搜索到，所以要找商品相关的信息，最好的办法是直接上淘宝搜索，淘宝首页如图 2-2-10 所示。

图 2-2-10　淘宝首页

淘宝网是亚太地区较大的网络零售商圈，由阿里巴巴集团在 2003 年 5 月创立。

淘宝网是中国深受欢迎的网购零售平台，拥有近 5 亿的注册用户，每天有超过 6000 万的固定访客，同时每天的在线商品数已经超过了 8 亿件，平均每分钟售出 4.8 万件商品。

截止到 2011 年年底，淘宝网单日交易额峰值达到 43.8 亿元，创造 270.8 万个直接且充分的就业机会。随着淘宝网规模的扩大和用户数量的增加，淘宝也从单一的 C2C 网络集市变成了包括 C2C、团购、分销、拍卖等多种电子商务模式在内的综合性零售商圈。目前淘宝网已经成为世界范围的电子商务交易平台之一。

2016 年 3 月 15 日，"3.15"晚会曝光，淘宝商家存在刷单等欺骗消费者现象。

2016 年 3 月 29 日，阿里巴巴集团 CEO 张勇为淘宝的未来明确了战略：社区化、内容化和本地生活化是三大方向。

（4）出行与旅游——携程网

携程网首页如图 2-2-11 所示。

图 2-2-11 携程网首页

如果人们要外出旅游、定车票、机票、酒店，携程网上有大量的信息。

携程是在线票务服务公司，创立于 1999 年，总部设在中国上海。携程旅行网拥有国内外 60 余万家会员酒店可供预订，是中国领先的酒店预订服务中心。携程旅行网已在北京、广州、深圳、成都、杭州、厦门、青岛、沈阳、南京、武汉、南通、三亚等 17 个城市设立分公司，员工超过 25000 人。2003 年 12 月，携程旅行网在美国纳斯达克成功上市。

携程旅行网成功整合了高科技产业与传统旅游行业，向超过 9000 万会员提供集酒店预订、机票预订、度假预订、商旅管理、特惠商户及旅游资讯在内的全方位旅行服务。

‖ 实战演练

1. 利用农业类垂直网站搜索家乡有名的农产品销售渠道、价格，结合自己的生活经验，谈谈家乡的农产品如何借助互联网卖得更远，更好。

2. 利用海外垂直网站搜索 2016 年美国最畅销的有些什么商品，比较美国与中国的畅销商品有什么不同。

任务三 小众信息获取策略与方法

百度可以进行全网搜索，垂直类网站进行专业搜索，这些信息都是公开和免费的，在互联网上有更多的信息是不完全公开的、不免费的，通过上述渠道无法获得。这就是小众信息，就像在微信朋友圈中发布的信息，只有自己指定的好友才能获取，其他人是看不到的。

局限在一个小圈子中的信息如何获取？就是本任务要解决的问题。

▌▌ 任务目标

1. 获取 58 同城求职者联系方式。
2. 观看爱奇艺的付费节目。
3. 社交获取信息——从 QQ、微信好友、QQ 群、微信群获取信息。

▌▌ 任务描述

（1）58 同城是一个生活服务类网站，在蓝领招聘市场占有很大份额，绝大多数中职学生毕业后都会通过 58 同城寻找工作。

从招聘角度，企业希望从 58 同城搜索大量符合自己要求的求职者，但 58 同城对求职的联系方式是隐藏的，只能看到求职者基本资料，而无法直接联系求职者。本任务第一部分将介绍解决的办法。

（2）爱奇艺是中国规模较大的视频网站，越来越多的电影、电视、网友视频、上传汇集于爱奇艺，形成丰富的视频信息库。

爱奇艺的盈利方式有两大类，第一类是广告，第二类是会员。有一些节目不花钱是看不了的，本任务的第二部分来了解爱奇艺的付费会员。

（3）随着互联网的发展，传统的论坛（BBS）等虚拟社区的影响有所减弱，而以人际关系为基础的社交网络日益受到网民的追捧。国外的 Facebook、Myspace，国内的人人网、微博等社交网络迅速发展，也促进了人们的社会网络的形成与拓展，用户规模呈爆发式增长。在社交网络迅速崛起和发展的今天，它已经在人们的日常生活中成为不可代替的一部分。快速发展的社交网络不仅为信息的传播与分享提供了新的平台，而且成为用户展示自我、表达利益诉求、维护人际关系的重要途径。

在中国最有影响力的社交工具，首选微信和 QQ，本任务的第三部分将探索如何通过添加好友和群来获取信息。

▌▌ 任务实施

1. 获取 58 同城求职者的联系方式

招人难，已经成为绝大多数企业的共识，人才是决定企业兴衰的核心要素，如何招聘人才，很多企业绞尽脑汁。

人才招聘从大方向上可以分成两种。

第一种：让求职者自己来找企业。

第二种：企业主动去找精准的求职者。

在这里将介绍第二种方法，具体操作方法如下。

1）注册登录 58 同城

图 2-3-1 所示的是 58 同城登录后的界面。在这里可以发布招聘信息，也可以精准地搜索符合公司需要的人才。

58 同城招聘服务有如下几个。

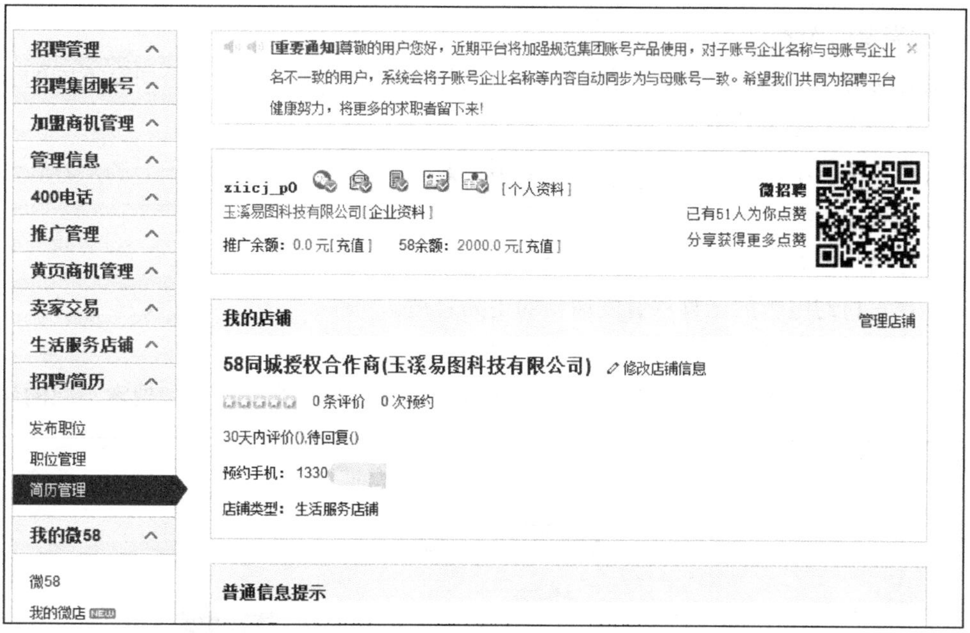
招聘管理
招聘集团账号
加盟商机管理
管理信息
400电话
推广管理
黄页商机管理
卖家交易
生活服务店铺
招聘/简历
发布职位
职位管理
简历管理
我的微58
微58
我的微店
[重要通知]尊敬的用户您好，近期平台将加强规范集团账号产品使用，对子账号企业名称与母账号企业名不一致的用户，系统会将子账号企业名称等内容自动同步为与母账号一致。希望我们共同为招聘平台健康努力，将更多的求职者留下来！
ziicj_p0
[个人资料]
玉溪易图科技有限公司[企业资料]
推广余额：0.0 元[充值]
58余额：2000.0 元[充值]
微招聘
已有51人为你点赞
分享获得更多点赞
我的店铺
管理店铺
58同城授权合作商(玉溪易图科技有限公司)
修改店铺信息
0条评价　0次预约
30天内评价()待回复()
预约手机：1330
店铺类型：生活服务店铺
普通信息提示

图 2-3-1　58 同城登录后的界面

（1）发布招聘帖

企业通过发布招聘的帖子来说明自己要招什么人，做什么工作，有什么待遇，而求职者通过 58 同城寻找适合自己的工作，求职者看到合适的工作就会主动投递简历，或者联系招聘方。如果企业希望自己发的招聘信息在所有工作的前列，则需要开通招聘会员。

（2）直接搜索求职者简历并联系

很多适合企业的求职者，并不能有效地看到企业招聘信息，或者看到了对企业招聘不感兴趣，此时主动搜索适合自己的求职者，并主动联系求职者，更为可行。图 2-3-2 所示的是 58 同城简历搜索界面。这个简历相关的界面，搜索的简历越多，符合企业要求的人才就会越多，而招到合适人才的概率也就越高。所以获得足够多的简历是关键。

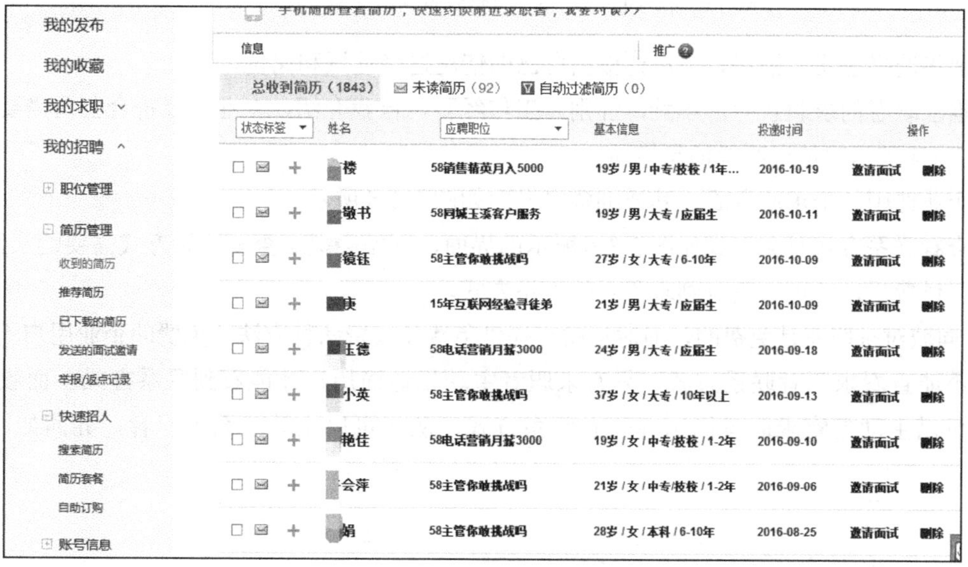
我的发布
我的收藏
我的求职
我的招聘
职位管理
简历管理
收到的简历
推荐简历
已下载的简历
发送的面试邀请
举报/返点记录
快速招人
搜索简历
简历套餐
自助订购
账号信息
信息
推广
总收到简历（1843）
未读简历（92）
自动过滤简历（0）
状态标签
姓名
应聘职位
基本信息
投递时间
操作
楼　58销售精英月入5000　19岁 / 男 / 中专/技校 / 1年...　2016-10-19　邀请面试　删除
敬书　58同城玉溪客户服务　19岁 / 男 / 大专 / 应届生　2016-10-11　邀请面试　删除
镜钰　58主管你敢挑战吗　27岁 / 女 / 大专 / 6-10年　2016-10-09　邀请面试　删除
庚　15年互联网经验寻徒弟　21岁 / 男 / 大专 / 应届生　2016-10-09　邀请面试　删除
玉德　58电话营销月薪3000　24岁 / 男 / 大专 / 应届生　2016-09-18　邀请面试　删除
小英　58主管你敢挑战吗　37岁 / 女 / 大专 / 10年以上　2016-09-13　邀请面试　删除
艳佳　58电话营销月薪3000　19岁 / 女 / 中专/技校 / 1-2年　2016-09-10　邀请面试　删除
会萍　58主管你敢挑战吗　21岁 / 女 / 中专/技校 / 1-2年　2016-09-06　邀请面试　删除
娟　58主管你敢挑战吗　28岁 / 女 / 本科 / 6-10年　2016-08-25　邀请面试　删除

图 2-3-2　58 同城简历搜索界面

2）搜索需要的人才

在海量的简历中搜索适合企业需要的人才，具体怎么操作呢？不同的公司有不同的方法，这里介绍的是一上市公司的做法，以销售人才为例。

（1）大专和中职学历比本科、初中以下学历更好。

（2）有2年工作经验的比刚毕业的更合适。

（3）农村出身、家庭条件不好的更为合适。

（4）喜欢看科幻电影的比喜欢看爱情剧的更为合适。

（5）在同学朋友中喜欢扮演开心果角色的更为合适。

图2-3-3所示的是58同城简历搜索界面，在这里可以选择不同的城市，搜索不同的岗位。

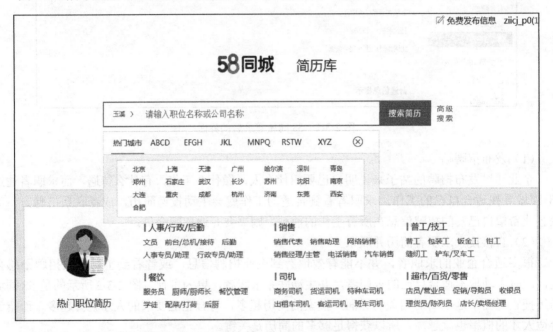

图2-3-3　58同城简历搜索界面

下面将选择玉溪，销售。用户请根据自己的情况选择地域和岗位。

根据求职者的求职意向，年龄，性别，工作经验，自我介绍，企业选择符合公司需要的求职者。图2-3-4所示的是求职者信息界面。

当企业选中一个求职者后，其详细资料界面如图2-3-5所示。

当查看联系方式时会看到如图2-3-6所示的界面，网站会提示查看联系方式需要购买简历。

选择付费后，就可以查看到求职者的联系方式。

58同城对求职者是免费的，而对招聘方提供免费和收费两种方法，免费的企业用户不能搜索简历，不能查看求职者联系方式，只有求职者主动投递简历，才能看到联系方式。而收费的用户，则可以主动搜索求职者简历并查看联系方式，从而可以主动联系求职者，界面如图 2-3-7 所示。

图 2-3-4 求职者信息界面

图 2-3-5 求职者详细资料界面

图 2-3-6 58同城简历付费界面

基本情况：大专 │ 6-10年工作经验 │

求职意向：求职淘宝客服、客服经理/主管、人事经理/主管、旅游产品/线路策划、销售代表 │ 想在 玉溪 工作 │
期望薪资 面议

沟通能力强　执行力强　有亲和力　诚信正直　责任心强

13987 ████

发送面试邀请　暂未接通（占线/不接）　可面试　待定　不合适

工作经验（工作了1年3个月，做了1份工作）

玉达木门

工作时间：2015年04月-2016年07月 [1年3个月]

薪资水平：保密

在职职位：渠道部经理

学历教育

2005年12月毕业 │ 玉溪市第二职业学校 │ 幼儿师范交易

图 2-3-7　求职联系方式显示出来的界面

3）联系求职者

以求职者的角度联系求职者，重点要放在求职者关心的问题上，如工作内容、公司情况、薪资待遇、发展空间、对求职者的要求等，通过沟通确定哪些人可以到公司面试。

下面举例说明。

千篇一律联系：喂，你好，我看到您的简历，我这边是易图软件公司，想了解下，你还在找工作吗？

这种开篇，是 98%的人使用的话术，没有新意，也不会让求职者记住你的公司。

打电话前浏览简历的相关信息，就是法宝。

话术一：下定心丸

HR：喂，你好，你是小张吧，我看到你发的简历上的住址是在小西门，我们单位就在小西门，这样上班很方便！

话术二：找共同点

HR：喂，你好，你是小张吧，我看到了你发的简历，你是玉溪二职中毕业的，你是哪一届的？我也是玉溪二职中毕业的。

经过电话联系，求职者到公司面试，通过面试企业将决定是否聘用求职者，招聘的第一阶段就结束了，至此本任务也完成了。

2. 观看爱奇艺会员电影

爱奇艺 VIP 会员是爱奇艺为用户提供的增值服务，为用户提供更多更优质的观看内容，让用户享受更清晰、更流畅的观看体验及更便捷、更贴心的会员服务。

VIP 套餐分两类：黄金套餐和白银套餐，根据套餐的不同，享受不同的优质服务，具体内容如图 2-3-8 所示。

- VIP会员套餐介绍

	特权	黄金套餐(19.8元/月)	白银套餐(4.99元/月)
内容特权	会员免费片库	✓	点播5折优惠
	好莱坞点播片库(new)	点播5折起优惠+送券	点播5折起优惠
	送点播券	✓	
	超级网剧/电视剧	✓	
	演唱会直播	✓	
	明星观影团	✓	
	专属福利	✓	
	尊贵身份	✓	✓
功能特权	跳过广告	✓	✓
	下载加速	✓	✓
	限制上传	✓	✓
	超清高速	✓	✓

备注：下方有详细特权说明

图 2-3-8　爱奇艺 VIP 会员特权对比

爱奇艺 VIP 会员特权说明：

（1）VIP 会员免费片库

全球影视资源库中的内容 VIP 会员免费观看，更有美国大片、欧洲、亚洲等经典影片，还有电视剧、纪录片、演唱会等丰富内容。VIP 黄金会员享受此权益，VIP 白银会员没有此权益。

（2）好莱坞点播片库

好莱坞点播片库给用户带来最全、最多的互联网正版精彩好莱坞大片，VIP 黄金会员每月赠送 4 张免费点播券，可免费点播 4 部好莱坞大片，此外享受 5 折点播优惠，VIP 白银会员全部享受 5 折点播优惠。

特别说明：部分影片不支持使用点播券及不参与 5 折优惠点播。

（3）送点播券

每月赠送 4 张观影券，观影券在观看好莱坞点播付费影片时，无须额外付费；体验额外点播影片享受半价优惠，黄金会员享受赠券，白银会员无此权益。

特别说明：部分影片不支持使用点播券及不参与 5 折优惠点播。

（4）超级网剧/电视剧追剧不等待

VIP 会员提前看全集，再也不用焦急等待（因版权问题，非全部电视剧）。VIP 黄金会员享受此权益，VIP 白银会员无此权益。

（5）演唱会直播

明星演唱会不去现场同样精彩。海量专属定制道具，看直播、玩互动两不误。VIP 黄金会员享受此权益，VIP 白银会员无此权益。

（6）尊贵身份

专属的尊贵会员标志彰显用户的尊贵身份，累积成长值，不断升级会员特权。VIP 黄金会员及 VIP 白银会员均享受。

（7）明星观影团

会员优先享受免费参与明星首映礼、超前点映场、各种明星互动活动等，与明星近距离接触，VIP 黄金会员享受此权益，VIP 白银会员无此权益。

（8）专属福利

定期推出会员专属活动、明星亲笔签名照、电影场景物品……VIP 专享抢先拿！VIP 黄金会员享受此权益 VIP 白银会员无此权益。

（9）跳过广告

欣赏精彩内容哪能有广告打扰！VIP 会员观看去广告影视剧，省时省心不用等待！VIP 黄金会员及 VIP 白银会员均享受此权益。

（10）下载加速

VIP 会员享受专有高速下载通道，可在数分钟内下载影片。VIP 黄金会员及 VIP 白银会员均享受。

（11）限制上传

VIP 会员登录 PPS 客户端观看视频，系统会自动限制 P2P 上传数据的速率，最大限度节省对带宽的占用，让用户流畅观影的同时还可以轻松驾驭其他软件，如打游戏、聊 QQ。VIP 黄金会员及 VIP 白银会员均享受此权益。

• 超清高速

视频提前预加载尊享流畅体验，全时段 1080P 高清，SSD 固态存储视频源，离线传输速度更快。VIP 黄金会员及 VIP 白银会员均享受此权益。

（1）注册并登录爱奇艺网站

注册的过程在此不再介绍现，在每个人都有大量账号，时间长了就会忘记，所以建议用自己最常用的 QQ、微信作为第三方来注册爱奇艺的账号，这样以后用 QQ 或者微信的账号就可以直接登录。图 2-3-9 所示的是登录账号后的爱奇艺首页。

图 2-3-9　登录爱奇艺账号后的首页

（2）在没有开通 VIP 会员的时候，观看会员大片会看到如图 2-3-10 所示的界面。

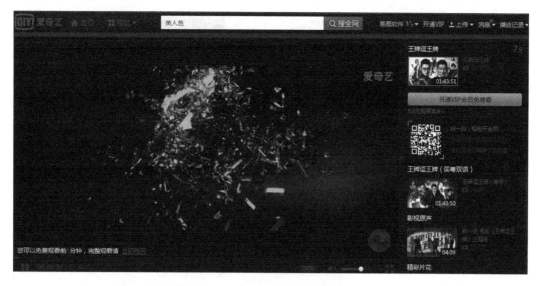

图 2-3-10　未开通 VIP 会员看片界面

会看到提示，非会员只能看 6 分钟，之后影片就无法放映了。

提示用户，要开通会员才能看完整的节目，如图 2-3-11 所示。

选择开通 VIP 服务，则会弹出付费界面。

图 2-3-11　爱奇艺提示收费界面

爱奇艺的会员付费，支持大多数常见的网络支付方式，在这里选择了微信支付，如图 2-3-12 所示。

支付成功后提示已经是会员了，就可以播放会员的电影了。

播放影片时，已经没有只能播放 6 分钟的提示了，如图 2-3-13 所示。

图 2-3-12　购买爱奇艺 VIP 支付成功界面

图 2-3-13　VIP 会员看片界面

上述两个例子，是众多需要付费才能获取信息的缩影，随着版权意识的增强，随着互联网的深入，越来越多的信息不免费提供。大量有价值的、高品质的信息将会收费，在未来，通过付费获取信息将是常态，而且是信息获取的重要途径。

例如，《罗辑思维》推出的得到 APP，里面邀请了许多名家高人，每天通过文字、语音的方式，提供资讯，里面所有的内容都需要付费才能阅读。

笔者就订购了两个知识服务，其中一个称为《李翔商业内参》，该服务推出仅仅 10 天，订户突破 5 万，收入突破 1000 万元，开启了罗辑思维的知识收费的大幕。

《李翔商业内参》推出时，获得了马云、雷军、柳传志、陈凯歌的推荐，他们都通过 1 分钟的语音对李翔进行了肯定，推荐这个知识产品。

得到 APP 中还有很多著名人物，如图 2-3-14 所示。

图 2-3-14　罗辑思维收费界面

3．社交获取信息

1）添加 QQ 好友获取信息

QQ 拥有 8.7 亿活跃用户群，我们身边大多数人都有自己的 QQ 号，QQ 用户可以方便地与自己的好友通过文字、语音、视频进行沟通。

QQ 用户，还可以通过 QQ 空间，发布自己的照片，自己的感悟，经历心得等各种有价值的信息。

经过多年积淀，QQ 空间已经成为重要的社交空间，添加一些与自己志气相投的人为好友，通过 QQ 空间获取信息，已经成为很多人的最重要的信息获取渠道。

QQ 空间与微信朋友圈，都具备如下优点，是其他渠道的信息难以替代的。

（1）真实性

网络信息虽然丰富多彩，但是真假难辨，通常对自己长期联系的好友，我们更加熟悉，如果一个做医生的朋友，QQ 空间分享一则健康文章，我们会更重视，更容易采信。

一个做教育的朋友分享自己的教育经验，我们会更乐于学习并实践。

（2）及时性

有许多信息是有时效性的，就像一套正在出租的房子，如果时间久了，就可能已经被人租了。QQ 空间发布的动态，能第一时间被朋友看到，所以我们看到的都是新的信息。

（3）相关性

因为大家是朋友，有共同的兴趣爱好，所以朋友关心的，已经实践过的，也很有可能是自己想了解的。

通过 QQ 的查找功能可以查找自己想找的好友，可以通过 QQ 号、昵称、手机号码、邮箱等搜索好友。

如果没有熟悉的 QQ 好友，也可以添加陌生人为好友，可以根据想添加的好友所在地区、性别、年龄，通过查找，搜索到一些 QQ 用户，如图 2-3-15 所示。

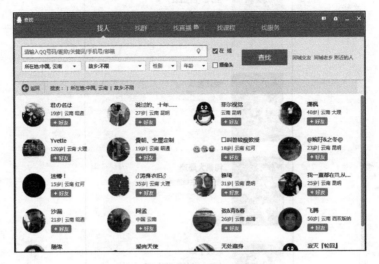

图 2-3-15 搜索 QQ 好友界面

选中希望添加的对象，单击"加好友"按钮，如果对方同意，就能添加上一个好友。

添加好友之后，选择好友并右击，在弹出的快捷菜单中选择"进入 QQ 空间"选项，就能进入好友 QQ 空间了。查看 QQ 好友空间的方法如图 2-3-16 所示。

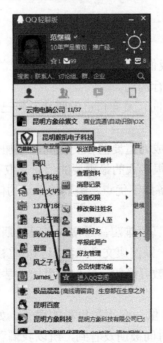

图 2-3-16 查看 QQ 好友的 QQ 空间

通过 QQ 空间，能看到好友的状态，最近的工作、学习、生活，以及对方的各种分享、体验。QQ 是仅次于微信的第二大手机应用，也是 PC 时代最重要的桌面应用软件，有 8 亿左右活跃用户，是个人、企业在网络空间表达自己，宣传自己的一个好平台。

有的人从小学就开始用 QQ，QQ 里记载了他的整个成长史。QQ 也是一些企业人员、老板的长期工作、生活、专业知识的分享地，很多难寻信息可以从这些地方获得，如图 2-3-17 所示。

图 2-3-17　QQ 好友的 QQ 空间

如果不想错过好友最新的信息，还可以设置特别提醒功能。每当好友发布新信息时，会收到提醒。

社交获取信息最大的好处是用户知道这个信息的发布者、推荐者。经过长期交往关注，用户对好友的情况比较了解，从而大大降低了对信息鉴别的难度。

假如好友是一个电子商务专家，长期阅读其 QQ 空间，就会了解大量的一线的、最新的电子商务领域的动态。这是一个高效、省力而又快捷的方法。图 2-3-18 所示的是一个知名自媒体人的 QQ 空间，在他的 QQ 空间中，积累了大量网络营销方面知识、行业活动、人物介绍等普通搜索得不到的信息。

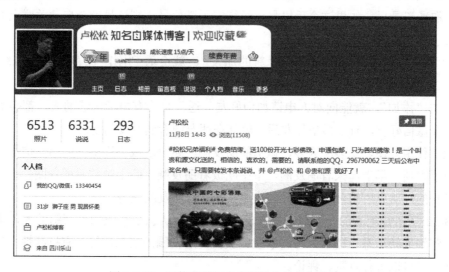

图 2-3-18　网络营销知名自媒体人的 QQ 空间

2）添加微信好友获取信息

微信好友添加方法与 QQ 总体类似，有人总结了几十种微信加好友的办法。

概括地说，微信的好友来自两大方面。

第一类：与我们有直接关系，并有联系的人，如家人、亲戚、同事、工作中认识的朋友，家人的朋友，朋友的朋友。

第二类：以前不认识的人。比如通过微信"摇一摇""附近的人"添加的好友。

下面我们重点介绍一种最常用的加好友的方法：通过电话号码添加微信好友。

图 2-3-19 所示的是手机中一个没有接的未知电话。可以通过新建联系人保存这个电话号码（图 2-3-20），现实生活中大量的网站，街道上，与人交往的过程中，我们很容易搜集到大量电话号码，或者朋友介绍也可以获得大量电话号码，得到电话号码后操作同本例。

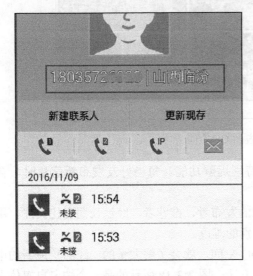

图 2-3-19　一个未保存的电话号码

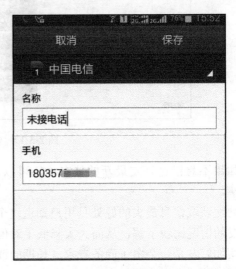

图 2-3-20　保存未接来电

这个号码被保存后，手机通讯录里就多了一条记录，微信有读取电话通讯录的功能。

微信读取通讯录后，如果这个手机号已经绑定了微信号，则该号就会自动关联上对方的微信号，这就有了一个可以添加的微信好友。

到微信界面，点击"通讯录"→"新的朋友"，就会看到刚刚保存的手机号绑定的微信号，如图 2-3-21 所示。

只要点击"添加"，就能向对方申请加为好友，通常与你有电话沟通的人，都会加上你，这样就有了一个微信好友，有了微信好友后，就能在朋友圈看到好友的动态。

由于微信使用方便，安装的人多，微信的朋友圈，越来越成为许多人的第一信息入口。许多人已经养成了习惯，早上起来看朋友圈，中午吃饭看朋友圈，晚上睡前看朋友圈，一个人从早到晚看到的见到的，所思所想可以第一时间快速在在微信朋友圈获得。

图 2-3-22 所示是笔者的一个微信好友的朋友圈，他认识很多做网络营销的人，朋友圈中经常分享网络营销最新动态、技术。与 QQ 空间类似，朋友圈的信息新鲜、有持续性，还能与发布者直接沟通、也可以进行点赞、评论。

图 2-3-21　微信调取通讯录添加好友

图 2-3-22　微信朋友圈截图

如果我们好友过多，可以设置好友为星标好友。

也可以进行合理的分组，需要什么信息，找对应的组，再找对应的人。

微信好友分组，通过标签实现，点开详细资料，点击右上角的三个点按钮，找到"设置备注及标签"，就能对好友进行标签分组，如图 2-3-23 所示。

以前的信息多是来自门户网站或者报纸杂志，而这些信息都是媒体的编辑排序挑选的，问题是，媒体的编辑不可能满足每个人的需求，真正对自己有价值的信息是很少的。

在社交网络兴起后，微信朋友圈就是最精准的信息筛选渠道。你加入了什么圈子，你在朋友圈里面看到的就是什么样的信息。

如果你是做游戏的，你的微信朋友圈里面一定是质量最高的游戏类的文章，如果你是做电商的，那么你的微信朋友圈里面朋友分享的电商文章一定是最专业的，因为这些包含了他们个人推荐的成分，这是任何机器推荐难以做到的。

因此要想及时阅读到好的文章，最有效的方法是加一批真正懂行的微信好友，天天关注他们。

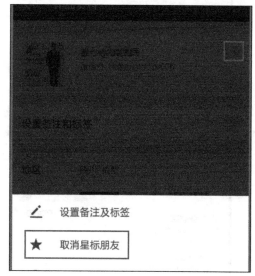

图 2-3-23　对微信好友进行设置或取消星标

目前绝大多数的行业、圈子都有些牛人，大咖，意见领袖，通过微博、各种垂直论坛，我们不难发现他们的微信号，由于粉丝经济越来越盛行，谁拥有的粉丝多，谁就更有影响力，所以一般这些大咖的微信反而比较容易添加上，所以我们首先要用心了解，自己想进什么圈子，这个圈子里有些什么人，哪些人名气比较大，哪些价值大容易添加，然后行动。

3）添加 QQ 群获取信息

物以类聚，人以群分，如果我们想找有相同爱好的一群人，应该怎么办呢？ 加 QQ 群，或者微信群，如何添加 QQ 群呢？

QQ 群众多，快速准确地找到所需要的 QQ 群是第一步，找 QQ 群主要有两种途径。

（1）通过搜索引擎搜索 QQ 群的关键字

这种方法简单明了，例如需要搜寻编程相关的 QQ 群，只需要在搜索引擎里输入"编程 QQ群"，即可搜到一大堆与之相关的 QQ 群信息。

（2）通过 QQ 群搜索查询

通过这种方式可以更快速高效地找到与之相关的 QQ 群信息，优势体现在以下几点。

① 可以看到哪些群比较活跃，成员有多少。

② 搜寻排序有三种方式：默认、活跃度和人数，根据不同的需求可以重新排序，更快更方便地找到自己需要加入的 QQ 群。

③ QQ 群的内容更真实可靠，相比从搜索引擎找到的群可靠性更高。

④ 可以更详细地了解群信息。

图 2-3-24 所示的是 QQ 群的搜索界面，可以看到，QQ 公司对群进行分类，根据自己的兴趣爱好，选择相应的分类，就可以查询到对应的QQ群，大多数的分类，有很多QQ群。

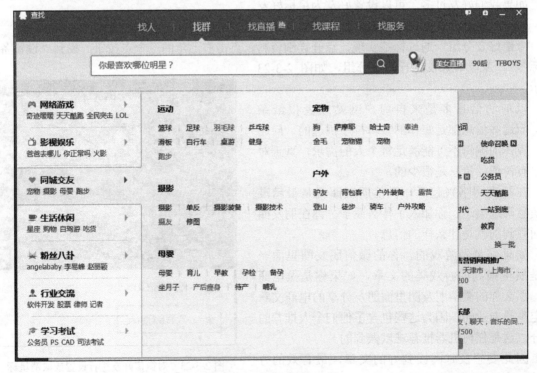

图 2-3-24 QQ群搜索界面

在这里，选择玉溪，徒步群，搜索方法如图 2-3-25 所示。

根据搜索条件，搜索出很多群，通常应该选人数较多、活跃度高的群，因为这样的群，群里的人比较多，信息也会比较多。

选中 QQ 群后就可以申请加入了，如何提高群主的通过率，要先看看群的说明，根据群的规则要求来申请，也要注意自己的 QQ 号，很多新申请的 QQ 号等级较低，有些群主一般不会同意你入群，图 2-3-26 所示的是笔者申请本地徒步群的方法。

图 2-3-25 徒步 QQ 群搜索界面

图 2-3-26 申请加入 QQ 群界面

群主同意后，笔者加入了玉溪徒步群，进群后应该先做自我介绍，让群里人认识你，如

图 2-3-27 所示。

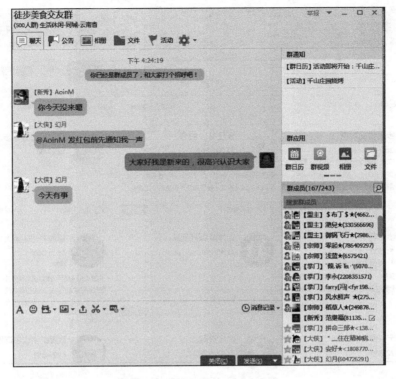

图 2-3-27　新加入的 QQ 群

通过查看群文件、群相册，可以看到，徒步群举办过很多徒步活动，如果想添加谁为好友，直接选中群员添加就可以了，如图 2-3-28 所示。

图 2-3-28　QQ 群空间相册

▌▌知识拓展

1．微信朋友圈改变社交模式

短短几年内，朋友圈不仅成了中国人常用的网络社交平台，还跃居为互联网产业不容忽视的生态圈。朋友圈改变了社交模式，增加了信息获取途径，也改变了人们的生活——有多少人用上班、上课和应该睡觉的时间刷朋友圈！朋友圈拓宽了交友的广度，也限制了交友的深度，很多人之间的友谊不过是"点赞之交"。朋友圈的信息流虽然汹涌，但是未免局促；尽管美好的事物在朋友圈居多，但是刻意"经营"难免使人疲劳。

近两年，身边时不时有朋友信誓旦旦地宣称，要"戒掉"朋友圈，或者计划规定自己每天看朋友圈的时间不超过几次，每次不超过多少分钟。很不幸，他们无一成功。微信界面底部左起第三栏的小红点，就像一个磨人的小妖精，在人们的现实与精神世界里阴魂不散。

我能理解他们这种"想戒不能戒的冲动"。朋友圈虽然消耗大量时间和精力，却集合了资讯与社交的双重功能，仿佛是一扇门，把个人空间与广袤的大千世界联结起来。放不下朋友圈，无非是害怕与世界失联。

说朋友圈里有个"世界"，并不夸张。微信好友 1000+的我，样本基数够大，每天一大乐趣就是透过朋友圈的时间线窥视多样性的世界。多好玩呀！有人家国天下，有人风花雪月，漂亮妹子热衷于展示颜值，个别"相貌感人"的汉子也沉溺自拍，代购妹子勤奋地贴出美好的商品和更加美好的价格，不代购的人偶尔痛斥微商恶化朋友圈生态。同一个朋友圈，却没有同一个梦想，参差多态的世界汇于时间线，是多好的社会学观察样本！

但说起来挺讽刺的，微信朋友圈的设计逻辑本来是偏封闭的。一般说来，你只能看到你的联系人所发布和分享的内容，只能了解到"好友"的想法。朋友圈的外延非常有限。

在朋友圈所能看到的一切，都是"好友"筛选、再生产的结果。与其说朋友圈呈现给人的是大千世界，还不如说是一幅幅联系人画像，它记录你的"好友"的喜怒哀乐、趣味取向。与此同时，不符合画像的内容信息，轻易就能被屏蔽。朋友圈就像电影《黑客帝国》里说的那个 Matrix（矩阵）的世界。

有个笑话说当今中国有三大话题不可触碰：中医、转基因及韩寒。就这些话题意见不同，据说足以让夫妻反目、兄弟成仇。如果一个坚定的"中医黑"发现朋友圈出现中医拥趸，而且成天转发养生小文，他可能直接选择"不看他的朋友圈"，或者干脆拉黑。现代生活匆忙而焦虑，"三观"不合，眼不见心不烦，久而久之，朋友圈愈发"和谐"，也愈发狭窄和封闭。不同人的朋友圈里呈现的是截然不同的世界，在你的世界里热火朝天、尽人皆知的话题，到了另一个人的世界里，就陷入了不可思议的寂静与沉默。这种现象发生在同一片蓝天下，想想也是神奇。

当然也有那么些东西，不管你的 Matrix 多么严丝合缝、坚不可摧，它都能渗透进来。比如最近无处不在的某款口红，即便我的朋友圈画像和美妆、时尚关联不大，它还是透过各种缝隙传导到了我这里。这可以归功于商业推广的强大。这种事一般只发生在营销领域。信息与思想，一般不具备这样的穿透力。

封闭不尽然是个消极概念，问题是在当今时代，"封闭"很难和"专注""深度"发生联系，很可能产生浮躁的结果。一言不合就拉黑，在移动社交领域太容易发生了。我围观过很多网络论战，经常发现争执不下的双方都对着空气义愤填膺、豪情万丈，吵到最后统统失焦，但双方观点压根就是一致的。在此背景下，封闭几乎等同于狭隘，同这样的"世界"保持联系，未必是多么健康的精神现象。

这是比"封闭"或是"开放"更要紧、更让人忧心的议题。足够清醒的人不会把朋友圈当作认知世界的唯一途径。怕就怕甘愿蜷缩在狭隘的精神世界里，拒绝沉淀与深度。人类精神的堕落更应归咎于这样消极的姿态，而非微信。

2．QQ 空间

技巧和策略

1）完善 QQ 空间

如果遇到一个认真负责的群管，他可能还会去看看你的 QQ 空间，读读你的日志，看看你的照片，然后再做决定，要不要通过你的申请。当然，你可以把 QQ 空间设置权限，让别人无法访问。但是笔者认为，QQ 空间还是全面开放了好，就以笔者来说，如果遇到一个 QQ 空间访问受到限制，就马上对这个人产生不好的感觉，认为这个人是一个闭塞的人。没有人愿意和闭塞的人交流吧。公开 QQ 空间，就要求我们完善 QQ 空间了，不要让别人一眼看出这是你的马甲 QQ，是来发广告的。笔者建议，QQ 空间必须有几篇日志，QQ 相册也要有几张相片，还要对 QQ 空间的布局作一些调整，切忌使用默认布局。

2）巧写验证信息

现在的 QQ 群，基本上都要填写验证信息，写一句精彩的验证语句对成功入群很有帮助。在这里分享 3 种方法。

（1）直截了当："我是××招商部经理，愿意分享产品信息"或者"我是××采购部经理，欲采购一批××"。

（2）欺骗法："群主你好，贵群成员介绍来的"。

（3）终于找到组织了："好辛苦，终于找到××群组织了，加上我吧"。

（4）以无法为有法："这群不错，加上我吧"。

这几种方法在加群过程中都可使用，如果使用某一种方法加不进去，可以等第二天使用其他方法重新申请加入，当然管理员如果禁止你的 QQ 号码再次申请就不行了，不过可以尝试使用其他 QQ 号码加入。

3）防 T 大法

（1）在群里发广告：如果群公告明确规定禁止发广告而你执意大量发送广告，管理员和群成员对你忍无可忍，被 T 也在情理之中。

（2）一直潜水被 T：进群后一直潜水被 T 这是最不应该的。如果你加的群太多，就要做一个计划，不能同时活跃于每个群，但是你可以在不同时段活跃在不同的群，比如星期一活跃于 A B C 群，星期二活跃于 D E F 群，保证在每个群都有一定的活跃度，自然就没有人 T 你了。还要注意一点，当你新进一个群，一定要先在该群多聊会儿（其实也是防 T 的一种策略），了解一下群环境，比如这个群都是些什么人，他们都喜欢聊什么话题等，为以后推广做准备。

（3）不要发布不合适的言论或图片：群里切记不要人身攻击，不要辱骂别人，说脏话，发布一些不健康的图片和信息，这个很容易引起管理员的反感，被 T 是注定的，不过可以聊些轻松搞笑的话题，比如笑话，社会热点等问题，让群成员对你有个好印象。

4）计算机使用方面

（1）每天开关计算机的时候，用计算机清理软件清理。

（2）登录 QQ 的时候，静置 15 分钟以上。

（3）一个 QQ 一天最多只能加 20 个左右的群。

（4）同一 IP 每天发送加群请求有限制。过快、过多加群，即使你换 QQ 加群发送成功，仍然没反应。

（5）加群限制是 IP 和 QQ 号共同决定的，IP 发多了会牵连到封此 IP 登录的 QQ 号，也会因为某 QQ 号发多了封掉 IP。

（6）加完一个群等待 10～30 秒再加群。

（7）新 QQ 建议先登录几天升级（需要用 QQ 客户端软件登录），有了级别和常用地登录后容易加群。

（8）建议 QQ 不要每天都加群，可以分批使用，比如一天加群，一天挂机。

▌▌实战演练

1．根据自己的兴趣爱好，选择一个收费网站，尝试注册会员，付费并获取付费信息。

2．通过自己的 QQ、微信添加自己感兴趣的好友人群，通过 QQ 空间，群空间，朋友圈获取自己感兴趣的信息。

项目三　文件文档工具

项目描述

　　360 压缩相比于传统压缩软件更快更轻巧，支持解压主流的 RAR、ZIP、7Z、ISO 等多达 42 种压缩文件；内置云安全引擎，可以检测木马，更安全；大幅简化了传统软件的烦琐操作。福昕 PDF 阅读器是专门用来阅读 PDF 格式的文件，并可以对文件经行格式的转换，如转为 Word 格式，页面转换成文本文件，支持目录功能，文本选择和查找，能够打开带密码的 PDF 文档。360 文件恢复是一个简单便捷且功能强大的硬盘数据恢复工具。通过该项目的学习，能够掌握快速压缩、解压文档，设置压缩密码，制作分卷压缩包；阅读 PDF 文档，选择和复制文档内容，将 PDF 文档转换为 Word 文档；对误删除的文档进行恢复等知识。

任务一　压缩工具——360 压缩

任务目标

　　1. 对文件、文件夹进行快速压缩、解压。
　　2. 能够设置压缩密码。
　　3. 掌握制作分卷压缩包。

任务描述

　　鑫海科技的经理助手小雪在经理的要求下需要拍摄一些员工工作的照片供宣传部门做公司推广，小雪认真拍摄了许多照片，但是在给宣传部门发送邮件的时候却发现，由于照片太多，上传比较麻烦，而且小雪也担心照片数量太多，发送邮件的过程中照片丢失。于是，小雪决定到网络上下载并安装一个 360 压缩软件，并学会使用，提高工作效率，避免多个文件在传输的过程中丢失或者损坏。

任务实施

1. 快速压缩、解压文档

　　在日常工作与生活中，常常需要对文档进行压缩或者解压处理，而且常用的压缩软件的种类也比较多，可以根据自己的喜好选择，在这里使用"360 压缩 3.2"作为范例进行使用和介绍 360 压缩 3.2 软件界面如图 3-1-1 所示。

　　（1）当需要压缩文档时，首先要在文档地址栏中找到待压缩文件所在的文件夹，如图 3-1-2 所示，待压缩文件在 F 盘中。单击文档地址栏右侧的下拉按钮，在出现的下拉列表中找到 F 盘。

图 3-1-1　360 压缩 3.2 软件界面

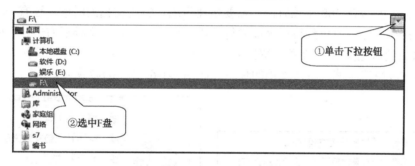

图 3-1-2　选中待压缩文档所在的地址

（2）出现 F 盘中存有的文件及文件夹，选中待压缩的文档。单击图 3-1-3 所示界面中的"添加"按钮，弹出压缩文件选项框。

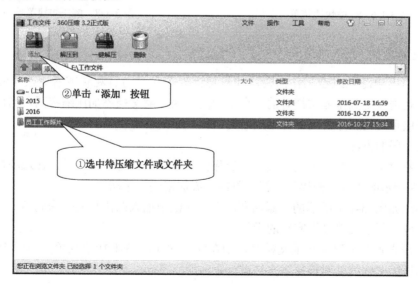

图 3-1-3　选中目标文档并单击"添加"按钮

（3）在压缩文件选项框中，可以自主选择压缩文档的存储路径，默认情况下与待压缩文档存储在同一文件目录下。也可以在同一选项框中选择压缩文档的方式：速度最快或体积最小。因为文件不大，选择了默认的"速度最快"选项，如图 3-1-4 所示。最后，单击压缩文档选项框中的"立即压缩"按钮，就完成了对文件压缩包的制作任务。

（4）解压文档的步骤与压缩文档的步骤类似，首先在文档地址栏中选择待解压文件所在的地址，在文档选择区中选中该文档，并在功能选项中单击"解压到"按钮，在弹出的解压文档选项框中，选择文档解压后存储的路径，并单击"立即解压"按钮即可，如图 3-1-5 所示。

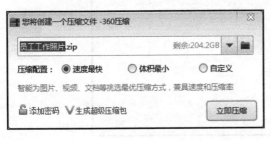

图 3-1-4 压缩文档选项框

图 3-1-5 解压文档选项框

（5）计算机中安装有 360 压缩时，当需要快速压缩、解压文档的时候，还有一种更快捷的方式。首先，直接在计算机中找到待压缩或者待解压文档，选中目标文档后右击，在弹出的快捷菜单中选择"添加到压缩文件"或者"解压到"选项，再单击"立即压缩"或者"立即解压"按钮，同样可以完成快速压缩、解压文档的任务，如图 3-1-6、图 3-1-7 所示。

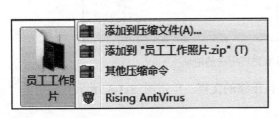

图 3-1-6 压缩快捷菜单

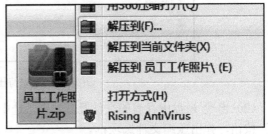

图 3-1-7 解压快捷菜单

2. 设置压缩密码

很多时候，出于隐私或者工作需要，并不想让无关人员随意观看或者更改压缩文档内的内容。这时候，就需要用到压缩文档时的一个小功能，为压缩文档添加压缩密码。当压缩文档被解压时，需要提供正确的压缩密码，否则压缩文档就不能被正常解压。

设置压缩密码的方法如下。

（1）在正常对文档进行压缩的过程中，当弹出"压缩文档选项框"时，在选项框的左下角有一个如图 3-1-8 所示的"添加密码"按钮，单击"添加密码"按钮。

（2）在弹出如图 3-1-9 所示的"添加密码"对话框中输入两次相同的密码后，单击"确认"按钮，即可完成对压缩文档设置密码的操作。

（3）当解压设置有密码的压缩文档时，则在弹出的如图 3-1-10 所示的"输入密码"对话框中输入正确的压缩密码就能对该压缩文档进行正常解压了。

图 3-1-8 压缩文档选项框

图 3-1-9 "添加密码"对话框   图 3-1-10 "输入密码"对话框

3．制作分卷压缩包

当压缩文件过大，或者某些软件或网站限制上传文件大小的时候，需要制作分卷压缩包，即把一个文档分别压缩成多个压缩文档，将每个压缩文档的大小控制在某一个范围内。

制作分卷压缩包的方法如下。

（1）在正常对文档进行压缩的过程中，当弹出如图 3-1-11 所示的压缩文档选项框时，选中"自定义"单选按钮，即可出现具体设置项，设置好压缩路径后，单击"压缩分卷大小"下拉按钮，根据实际情况选择压缩分卷的大小，单击"立即压缩"按钮即可完成分卷压缩包的制作。

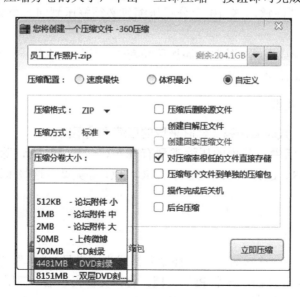

图 3-1-11 自定义压缩文档选项框

（2）在压缩分卷大小选择时，若是没有符合要求的分卷压缩包大小时，也可以在文本框中直接输入符合要求的分卷压缩包大小。注意，分卷压缩包在解压时需要将完整的分卷压缩包同时解压到同一文件目录下，如图 3-1-12 所示，否则会出现文件损坏、不能使用的情况。

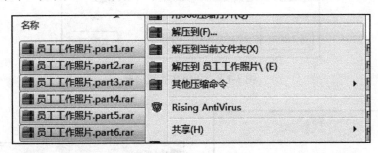

图 3-1-12　同时选择所有分卷压缩包进行解压

知识拓展

1．压缩文件的原理

压缩文件就是把文件的二进制代码压缩，把相邻的 0，1 代码减少。比如文档中有 2000 个连续的"a"字，那么此处它占用了 2000 个字符的空间，压缩文件将这 2000 个连续的"a"表示成"2000a"，即告诉计算机此处存有 2000 个"a"，同样的存储结果，但压缩后此处仅占了 5 个字符的空间。

2．压缩文件的作用

（1）节省磁盘空间，方便文件文档管理。

（2）将多个文件压缩成一个压缩包。此功能在发送邮件时用处比较大，因为邮件附件多个文件通常要逐个地上传，把多个文件压缩成一个压缩包后就可以一次上传。

（3）制作分卷压缩包。此功能在文件复制中作用比较大，例如需要复制一个 100GB 的文件，而优盘只有 16GB 时，就可以使用 360 压缩软件将文件压缩成 10 个 10GB 的分卷压缩包，然后分次进行复制。需要注意，这 10 个分卷压缩必须解压到同一个文件目录下，否则文件会丢失。

（4）文件保密。在形成压缩包的时候添加压缩密码，这样生成的压缩包若没有密码是无法打开的，可以起到一定的文件保密作用。

3．常用的压缩文件类型

（1）压缩类型不同，代表着压缩文件时采用的压缩方式不同。

（2）在日常工作生活中，常用的压缩类型有 RAR、ZIP 和 7Z，除此之外，还有 ARJ、CAB、LZH、ACE、TAR、GZ、UUE、BZ2、JAR、ISO 等类型，这些压缩文件都可以使用 360 压缩软件进行解压。

实战演练

1．在计算机桌面新建一个文件夹，文件命名格式为"学号+姓名"，在文件夹中添加两张图片，一个音频，一个 Word 文档，一个 PPT 文档。将该文件夹压缩，使用默认压缩名，添加压缩密码为 19901103。压缩完毕后尝试解压该文件。

2. 使用题 1 中的文件夹制作分卷大小为 1MB 的分卷压缩包，并将其作为附件发送一封邮件到自己的邮箱。

任务二　文档浏览工具——福昕 PDF 阅读器

任务目标

1. 使用福昕 PDF 阅读器阅读 PDF 文档。
2. 选择和复制 PDF 文档内容。
3. 将 PDF 文档转换为 Word 文档。

任务描述

鑫海科技的经理助手小雪接到经理发来的一封邮件，并吩咐小雪对附件文档里的部分内容进行修改和删除。小雪打开附件一看，附件里的文档不是平时使用的 Word 文档，而是一个后缀为.pdf 的文档，而且不能用 Word 软件打开。小雪正苦恼怎么办，突然想到上学时学过一个软件，称为福昕 PDF 的阅读器，是专门阅读 PDF 文档的软件，于是她赶快下载并安装起来，发现果然可以打开阅读，但却不能修改，她决定好好学习这个软件解决问题。

任务实施

福昕 PDF 阅读器主界面如图 3-2-1 所示。

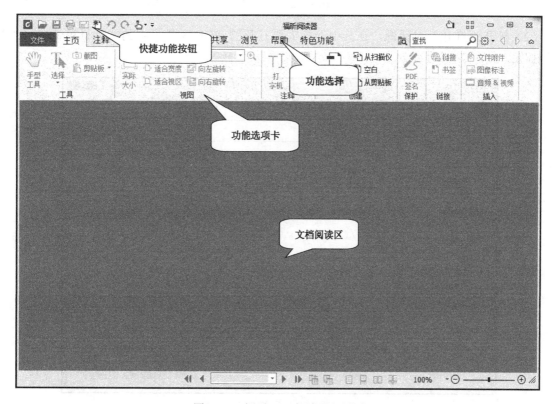

图 3-2-1　福昕 PDF 阅读器主界面

1. 阅读 PDF 文档

（1）打开福昕 PDF 阅读器，在如图 3-2-2 所示的界面中选择"文件"菜单，在出现的菜单中选择"打开"选项，在打开的界面中单击"浏览"按钮。

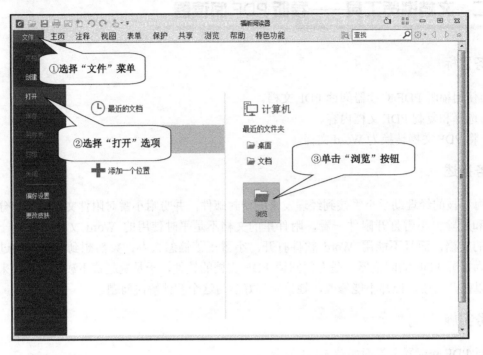

图 3-2-2　打开界面

（2）打开"打开"对话框，在其中选择需要打开的 PDF 文档所在的文件目录，单击"打开"按钮，如图 3-2-3 所示。

图 3-2-3　"打开"对话框

（3）PDF文档打开后，就可以对PDF文档进行阅读与其他操作了。

除了这种方法外，也可以直接单击福昕PDF阅读器左上角的"打开"按钮，如图3-2-4所示，直接打开"打开对话框"进行文件选择。

图3-2-4　"打开"按钮

另外，按"Ctrl+O"组合键，也可以打开文件浏览界面。

还有一种打开PDF文档的方法，可以先在计算机中先找到需要打开的PDF文档，选中并右击，在弹出的如图3-2-5所示的快捷菜单中选择"打开方式"选项，在级联菜单中选择"Foxit Reader 8.0"选项，同样可以打开PDF文档。

图3-2-5　快捷菜单

以上介绍的打开PDF文档的方式，可以根据自己对计算机软件的操作习惯选择任意一种进行操作。

2．选择和复制文档内容

（1）打开PDF文档后，会发现，在文档阅读区内，鼠标指针变成了 形状。这样在文档阅读区内可以对PDF文档进行各个方向上的拖拉，方便PDF文档的阅读，但却不可以对文档内容进行选择操作。

要对文档内容进行选择操作，需要把手形工具切换成选择工具，在"主页"选项卡中单击选择工具，如图3-2-6所示，即可完成切换，切换后就可以进行选择操作。

也可以先把PDF文档拖拉到需要选择区域的那一页，再按"Ctrl+6"组合键，福昕PDF阅读器将会把该页的内容转换为可选择的内容，如图3-2-8所示。

可以对PDF文档进行选择操作后，将需要复制的内容全部选中并右击，就可以进行复制操作了。

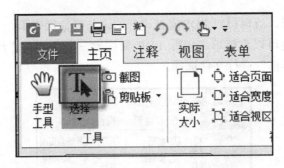

图 3-2-6　"主页"选项卡中的选择工具

1．**协调分组**：负责年会各小组之间、所有工作的统筹安排与协调事宜，负责处理会议期间的紧急事件协调与处理；

图 3-2-7　用选择工具选择的内容

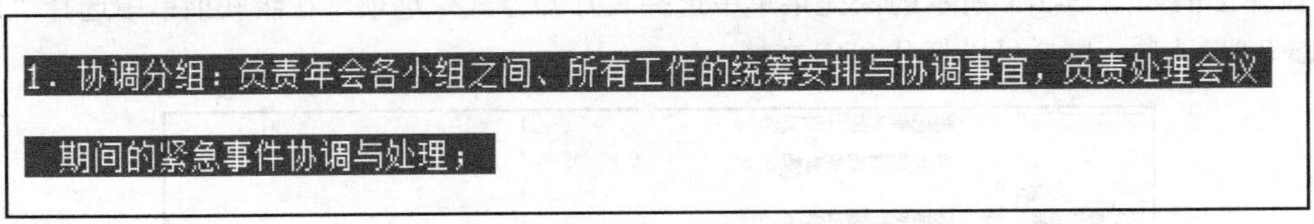

1．协调分组：负责年会各小组之间、所有工作的统筹安排与协调事宜，负责处理会议期间的紧急事件协调与处理；

图 3-2-8　按"Ctrl+6"组合键选择的内容

3．将 PDF 文档转换为 Word 文档

在前面已经学会选择并复制内容，但是将复制的内容粘贴到 Word 文字编辑器中后发现，两种复制方法复制出来的文字格式、段落格式与 PDF 文档中的原格式是不一样的。也就是说，仅仅复制出了选中原文字的内容，却无法复制出原文字的格式等其他设置。通过图 3-2-9 与图 3-2-10 的对比更能明显发现差异。

1．**协调分组**：负责年会各小组之间、所有工作的统筹安排与协调事宜，负责处理会议期间的紧急事件协调与处理；

图 3-2-9　原文字格式

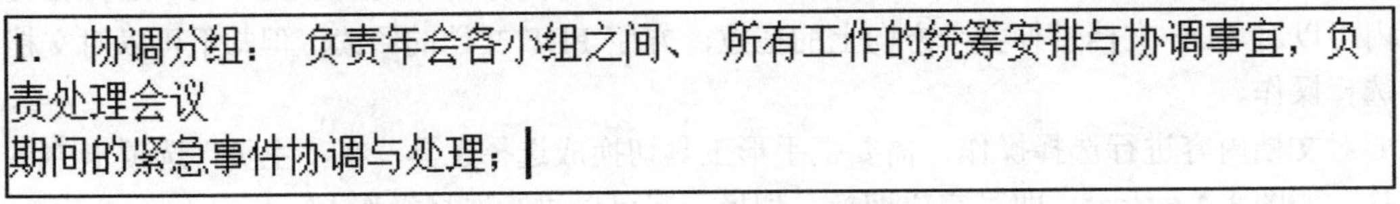

1．协调分组：　负责年会各小组之间、所有工作的统筹安排与协调事宜，负责处理会议
期间的紧急事件协调与处理；

图 3-2-10　复制出来的文字格式

如果仅能复制出 PDF 文档中的文字内容，想对 PDF 文档内容进行编辑时将变得非常困难。接下来学习如何将 PDF 文档转换为 Word 文档。

（1）下载并安装福昕 PDF 转 Word 绿色版软件。该软件可以帮助用户对 PDF 文档转换为 Word 文档。软件界面如图 3-2-11 所示。

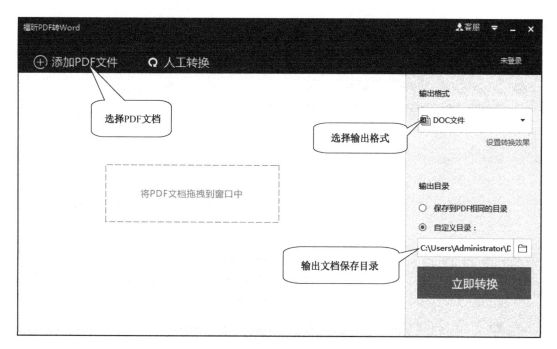

图 3-2-11 PDF 转 Word 软件界面

（2）单击"添加 PDF 文件"按钮，弹出"打开"对话框，选择需要转换的 PDF 文档后单击"打开"按钮，如图 3-2-12 所示。

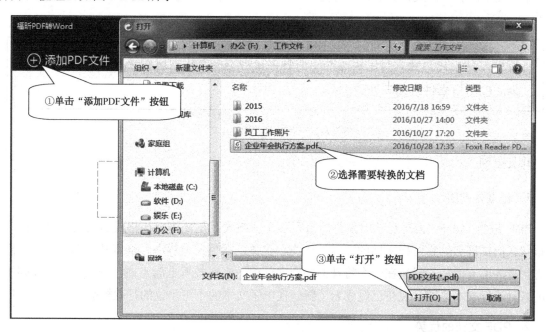

图 3-2-12 选择需要转换的 PDF 文档

（3）打开 PDF 文档后，选择需要转换成 Word 文档的格式，设置输出文档存储的位置，最后单击"立即转换"按钮，即可完成对 PDF 文档的转换。

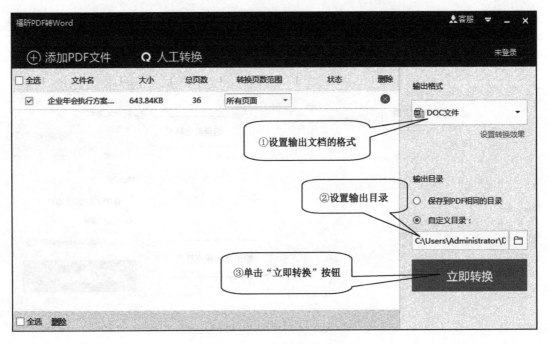

图 3-2-13　PDF 文档转化设置

（4）至此，完成了对 PDF 文档转化为 Word 文档的操作。打开转化好的 Word 文档，原 PDF 文档中的文字内容、格式、页面设置等内容保持原状态，如图 3-2-14 所示，可以对其进行编辑处理了。

> **1. 协调分组：**负责年会各小组之间、所有工作的统筹安排与协调事宜，负责处理会议
>   期间的紧急事件协调与处理；

图 3-2-14　转换好的 Word 文档

▌ 知识拓展

1. 什么是 PDF

PDF 是由 Adobe 公司开发的独特的跨平台文件格式，是便携文档格式的英文简称，同时也是该格式的扩展名。它可把文档的文本、格式、字体、颜色、分辨率、链接及图形图像、声音、动态影像等所有的信息封装在一个特殊的整合文件中。它在技术上起点高，功能全，功能强于现有的各种流行文本格式，现在已经成为了新一代电子文本的不可争议的行业标准。

2. PDF 文档的优势

（1）跨平台。PDF 文件不管是在 Windows、UNIX，还是在苹果公司的 Mac OS 操作系统中都是通用的。这一特点使它成为在 Internet 上进行电子文档发行和数字化信息传播的理想文档格式。越来越多的电子图书、产品说明、公司文告、网络资料、电子邮件开始使用 PDF 格式文件。

（2）集成度高。PDF 文件格式可以将文字、字型、格式、颜色及独立于设备和分辨率的图形图像等封装在一个文件中。该格式文件还可以包含超文本链接、声音和动态影像等电子信息，支

持特长文件，集成度和安全可靠性都较高。

（3）体积小，操作方便。PDF 文件使用了工业标准的压缩算法，通常比 PostScript 文件小，易于传输与储存。它还是页独立的，一个 PDF 文件包含一个或多个"页"，可以单独处理各页，特别适合多处理器系统的工作。此外，一个 PDF 文件还包含文件中所使用的 PDF 格式版本，以及文件中一些重要结构的定位信息。

（4）阅读效果好。对普通读者而言，用 PDF 制作的电子书具有纸版书的质感和阅读效果，可以逼真地展现原书的原貌，而显示大小可任意调节，给读者提供了个性化的阅读方式。由于 PDF 文件可以不依赖操作系统的语言和字体及显示设备，阅读起来很方便。这些优点使读者能很快适应电子阅读与网上阅读，无疑有利于计算机与网络在日常生活中的普及。Adobe 公司以 PDF 文件技术为核心，提供了一整套电子和网络出版解决方案，其中包括用于生成和阅读 PDF 文件的商业软件 Acrobat 和用于编辑制作 PDF 文件的 Illustrator 等。Adobe 公司还提供了用于阅读和打印亚洲文字，即中、日、韩文字所需的字型包。

（5）可加密。文件文档的安全性是每一个办公人员都需要考虑的问题，PDF 有两种对文档加密的方式，一种是"打开文档就要输入密码"的口令加密，另一种是"能打开文档，只限制编辑复制打印等"的口令加密。

▌▎ 实战演练

打开"企业年会执行方案"PDF 文档，将第 3 页"职责分工安排"文字复制到 Word 文档中。将该文档转换为 Word 文档，输出格式为 DOCX，与原 PDF 文档保存在同一目录下。

任务三　数据恢复——360 文件恢复

▌▎ 任务目标

能对误删除的文档进行恢复。

▌▎ 任务描述

鑫海科技的经理助手小雪在对计算机进行清理时，不小心把以前公司拍的照片删除了，可是这些照片还要用于制作 PPT，如果找不到了将给工作带来巨大的困难。小雪突然想到 360 安全卫士中有一个工具，称为文件恢复，她决定趁这个机会去学习一下这个软件，并了解一下数据恢复的相关知识。

▌▎ 任务实施

360 文件恢复界面如图 3-3-1 所示。

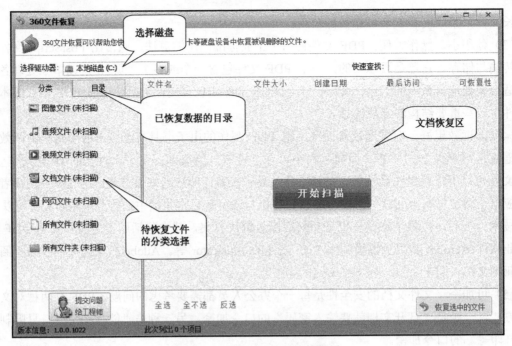

图 3-3-1　360 文件恢复软件界面

在日常生活和工作中经常需要对计算机进行对无用文件的清理和文档、文件夹的整理工作，误删文档的情况时有发生。而市面上流行的数据恢复软件比较多，且大多数属于收费软件，这里对使用免费的、操作简便的"360 文件恢复"软件进行学习。

（1）选择误删除文档所在的磁盘。小雪删除的照片存在 F 盘，在这里选中 F 盘，如图 3-3-2 所示。

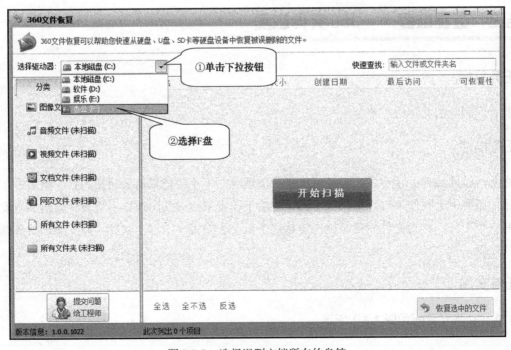

图 3-3-2　选择误删文档所在的盘符

（2）选择误删文档的类型，然后单击"开始扫描"按钮，如图 3-3-3 所示。

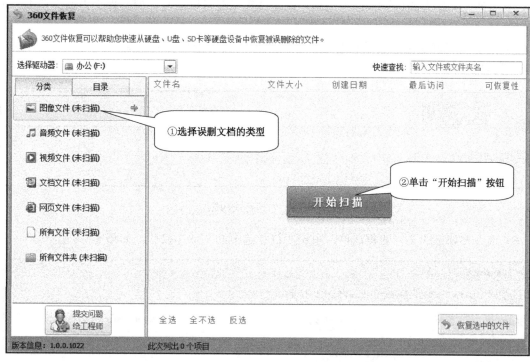

图 3-3-3　选择误删文档的类型并开始扫描

（3）在图 3-3-4 所示的界面中，360 文件恢复软件会把所有符合恢复条件的文档都显示出来，在此就可以寻找误删文件了。

图 3-3-4　在文档恢复区找到误删文件

（4）360 文件恢复的可恢复性分为四种：高、较高、差、较差。高和较高两种文件的可恢复性较好。另外，文件夹的可恢复性为空白，但文件夹绝对可以恢复，但文件夹内的文档不一定能够完全恢复。

（5）由于文档恢复区显示的内容过多，可以使用快速查找功能，输入文档名来进行快速查找，如图 3-3-5 所示。

图 3-3-5　快速查找功能

（6）选中要恢复的文档的复选框，单击"恢复选中的文件"按钮，如图 3-3-6 所示。

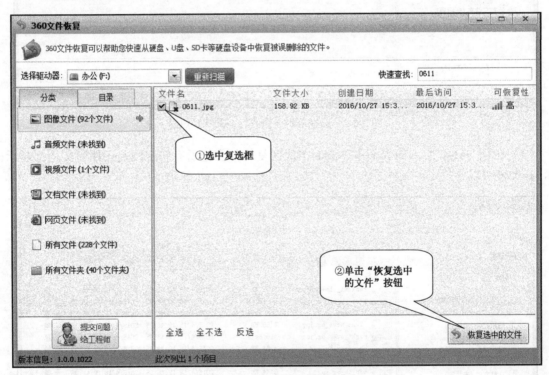

图 3-3-6　选择要恢复的文档

（7）在弹出的"浏览文件夹"对话框中，将恢复出的文档保存在"桌面"，单击"确定"按钮后，就可以看到文档被正常恢复了，如图 3-3-7 和图 3-3-8 所示。

（8）如果误删文档过多，且都在同一文件夹下，可以在选择待恢复文件"分类"选项卡中选择"所有文件夹"选项，选中该文件夹，并恢复，即可将文件夹连同文件夹内的所有文档一起进行恢复，步骤如图 3-3-9 所示。

（9）选择恢复文件夹保存的位置，点击"确定"按钮后，就可以查看文件夹内的文档是否被正常恢复了。

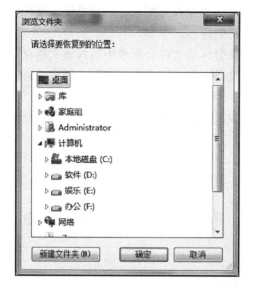

图 3-3-7 选择恢复文档保存的位置

图 3-3-8 成功恢复的文档

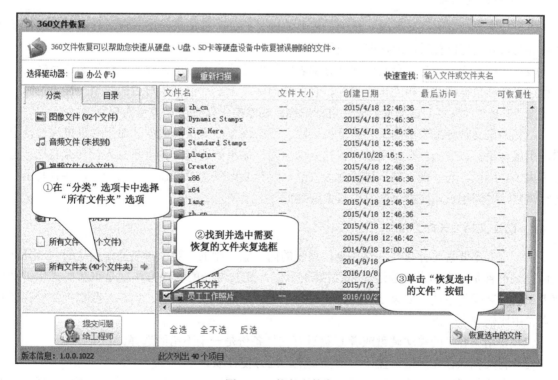

图 3-3-9 恢复文件夹

知识拓展

1. 文档存储原理

（1）分区。当用户装机或新买来一块硬盘时，为了方便管理，将对硬盘进行分区。无论使用任何一种分区工具，都会在硬盘的第一个扇区内标注分区的数量，每个分区的大小，起始位置等，这些信息被称为"主引导记录 MBR"或者"分区表信息"。

（2）文件分配表。硬盘分区完毕后，分区将会被划分为文件分配表区和数据区。就像一本小说，文件分配表相当于小说的目录，数据区相当于小说的内容。

（3）文档存储。当计算机在保存数据时，硬盘先在分区的文件分配表中写入该文档存储的地址，然后才会在该位置将文档存入到硬盘中。并且，文件分配表中存有该文档的地址信息，那么这一块数据区就不会被再次写入信息。

（4）文档删除。当进行文档删除操作时，系统仅仅是将该文档在文件分配表中的地址信息删除，告诉硬盘这一块数据区已经被"释放"，可以重新写入数据。

2. 可能造成文档丢失的情况

（1）操作人员误删除。

（2）硬盘、U 盘等存储介质出现损伤。比如磕碰，存储介质进水或其他液体，在硬盘、U 盘等存储介质在进行读写操作时强行拔出等。

（3）分区表信息遭到破坏，导致整块硬盘无法读取。

（4）文件分配表遭到破坏，导致该分区内所有文档丢失。

3. 文件恢复原理

（1）分区表信息遭到破坏时，我们只需要将硬盘的分区表信息通过一定的技术手段进行重新计算并写入到指定位置后，硬盘即可恢复正常。

（2）文档删除，实际上只是将文件分配表中的地址信息进行了删除，文档依然还完好无缺的保存在原来的数据区中。相当于小说的目录页被撕除，无法定位到相对应的章节一样。这时，只需要像"360 文件恢复"这类型的软件进行扫描，删除的文件就可以被重新恢复。

（3）如果文件分配表中的文档地址被删除，那么该文档所在的数据区对于硬盘来说就是空白的，也就是说，该文档存在被重新覆盖写入的风险。如果该数据区被重新写入，那么文档就是永远丢失了。所以，当发现文档误删除或丢失后，应当立即停止对硬盘的写入操作，并且马上对其进行恢复，时间越长，文档可恢复的概率就越低。

4. 防止文档丢失的方法

（1）永远不要将文件数据保存在操作系统的同一驱动盘上。对于影响操作系统的大部分计算机问题（不管是因为病毒问题还是软件故障问题），通常唯一的解决方法就是重新格式化驱动盘或者重新安装操作系统，如果是这样，驱动盘上的所有都会数据丢失。所以，我们把文档存在其他盘符中比较安全一点。

（2）使用大容量的移动硬盘或者 U 盘进行文档备份是一个不错的选择。

（3）将文档保存在网络云盘中，不仅安全，还方便存取。

（4）无论使用哪种方式存储文档，都不完全保险，所以对于某些重要文档，可以选择多种方式途径进行保存。

5. 数据恢复软件介绍

（1）EasyRecovery 是一个老牌数据恢复软件。该软件功能可以说是非常强大的。无论是误删除、格式化还是重新分区后的数据丢失，其都可以轻松解决。EasyRecovery 最新版本加入了一整套检测功能，包括驱动器测试、分区测试、磁盘空间管理及制作安全启动盘等。这些功能对于日常维护硬盘数据来说，非常实用，用户可以通过驱动器和分区检测来发现文件关联错误及硬盘上的坏道。

（2）R-Studio 是功能超强的数据恢复、反删除工具，采用全新恢复技术，为使用 FAT12/16/32、NTFS、NTFS5（Windows 2000 系统）和 Ext2FS（Linux 系统）分区的磁盘提供完整数据维护解决方案。同时提供对本地和网络磁盘的支持，此外，大量参数设置让高级用户获得最佳恢复效果。

（3）顶尖数据恢复软件能够恢复硬盘、移动硬盘、U 盘、TF 卡、数码相机上的数据，软件采用多线程引擎，扫描速度极快，能扫描出磁盘底层的数据，经过高级的分析算法，能把丢失的目录和文件在内存中重建出来。同时，软件不会向硬盘内写入数据，所有操作均在内存中完成，能有效地避免对数据的二次破坏。

（4）安易硬盘数据恢复软件能够恢复经过回收站删除掉的文件、被 Shift+Delete 组合键直接删除的文件和目录、快速格式化/完全格式化的分区、分区表损坏、盘符无法正常打开的 RAW 分区数据、在磁盘管理中删除掉的分区等。该恢复软件用只读的模式来扫描文件数据信息，在内存中组建出原来的目录文件名结构，不会破坏源盘内容。

▌ 实战演练

在 E 盘目录下彻底删除一张图片和一个 Word 文档，并使用"360 文件恢复"软件对其进行恢复。

项目四　音频视频工具

项目描述

随着视听设备和网络技术的不断发展，人们的生活已离不开影音的世界，本项目主要介绍维棠视频下载软件的使用方法，让人们能轻松下载国内外大多数视频文件，具有断电续传功能，并集成了 FLV 视频播放器、FLV 视频转码器，无论下载还是播放，都十分方便；介绍格式工厂软件的使用方法，它是一款多功能的多媒体格式转换软件，适用于 Windows，可以实现大多数视频、音频及图像不同格式之间的相互转换；介绍 Adobe Audition 软件的使用方法，它是一款集音频录制、混合、编辑和控制于一身的功能强大的音频处理软件，能够进行单轨音频编辑、多轨音频编辑、音频录制、视频文件中的音频编辑等工作；介绍 Windows Live 影音制作软件的使用方法，它是微软开发的影音合成制作软件，可以使用视频和照片在很短的时间里轻松制作出精美的影片或幻灯片，并在其中添加各种各样的转换和特效。通过本项目的学习，用户能够轻松在网上下载音视频素材，并制作属于自己音视频作品。

任务一　视频下载工具——维棠

任务目标

1. 会下载和安装维棠下载工具。
2. 掌握维棠下载工具的基本使用方法。
3. 会根据需要设置维棠下载工具软件。

任务描述

学校一年一度的"红五月艺术节"快要到了，曙光职业学校的红舞鞋舞蹈社团这次准备了一段奇幻风格的超唯美舞蹈要在艺术节上表演，这次学校舞台还准备了大屏幕电子屏来播放舞台视频背景，而红舞鞋社团的同学们犯难了，到哪里去下载一段奇幻唯美风的视频背景呢？又要怎么才能把这段视频下载下来并在电子视频上播放呢？

任务实施

目前很多视频网站都可以搜到奇幻风格的视频背景，但是有的视频网站要专门的下载器才能下载视频，用户不可能为了下载一个视频就安装一个下载器，下载不同网站上的视频又需要另外的下载器，这样太麻烦，还有的视频网站是不可以下载视频的。然而维棠 FLV 视频下载软件解决了这一问题，它能轻松下载国内外大多数 FLV 视频分享网站（如 YouTube、Mofile、土豆网、

56 视频、六间房、优酷网等）的视频内容，具有断电续传功能，集成了 FLV 视频播放器、FLV 视频转码器，无论是下载还是播放，都十分方便。

1. 先从官网上下载维棠安装软件包进行安装

下载并安装维棠软件包的方法如下。

（1）打开浏览器，在地址栏输入网址 http://www.vidown.cn，即可进入维棠官网进行下载，如图 4-1-1 所示。

图 4-1-1 维棠官网下载界面

（2）在维棠官网下载界面单击"立即下载"按钮，在弹出的对话框中，单击"保存"按钮，将安装程序保存至桌面上，如图 4-1-2 所示。

图 4-1-2 "下载文件"对话框

（3）双击下载下来的安装软件进行安装，如图 4-1-3 所示。

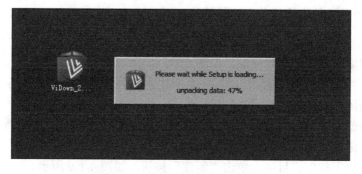

图 4-1-3 维棠下载软件安装界面

（4）在弹出的"维棠安装向导"对话框中，单击"立即安装"按钮，如图 4-1-4 所示。

图 4-1-4　"维棠安装向导"对话框

（5）安装完成后，进入到成功安装界面，如图 4-1-5 所示。

图 4-1-5　成功安装界面

2. 启动维棠下载软件进行相关视频的搜索

（1）启动后的维棠软件界面，分为"影视""追剧""下载"3 个栏目，"影视"栏目下有视频搜索栏，可以搜索全网各种视频资源，如图 4-1-6 所示。

（2）在搜索栏中输入"梦幻背景"，可在全网搜索相关梦幻视频背景的各种视频资源，并找到自己需要的视频风格和效果，如图 4-1-7 所示。

（3）选择"梦幻蓝背景"视频资源，会直接跳转到浏览器界面，并进行播放。在浏览器地址栏中复制视频链接地址，如图 4-1-8 所示。

（4）在维棠的"下载"栏目中，单击"新建"按钮，如图 4-1-9 所示。

图 4-1-6 影视主界面

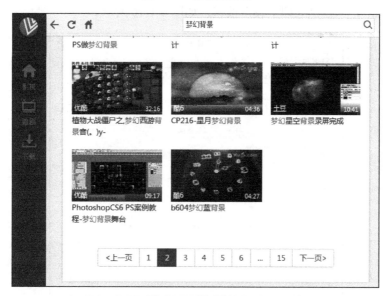

图 4-1-7 搜索结果

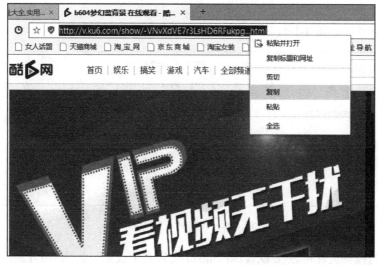

图 4-1-8 复制浏览器地址栏中的地址

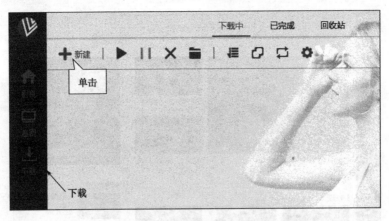

图 4-1-9 下载主界面

（5）在弹出的"新建任务"对话框中，下载链接已经自动复制在链接栏中，保存路径为默认的"D:\VDownload\"，单击"立即下载"按钮，如图 4-1-10 所示。

图 4-1-10 "新建任务"对话框

（6）等待下载界面如图 4-1-11 所示。

图 4-1-11 等待下载界面

（7）下载好的视频文件可以在 D:\VDownload\文件夹中找到，如图 4-1-12 所示。

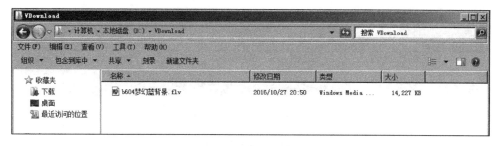

图 4-1-12　已下载文件的默认文件夹

3. 视频格式转换

因为下载的视频格式为 FLV 格式，不一定能在学校舞台的电子大屏幕上播放，需要把格式转换为 Mp4 格式。具体操作方法如下。

（1）选择维棠"下载"栏目下的"已完成"选项卡，可以找到刚才下载的视频文件，如图 4-1-13 所示。

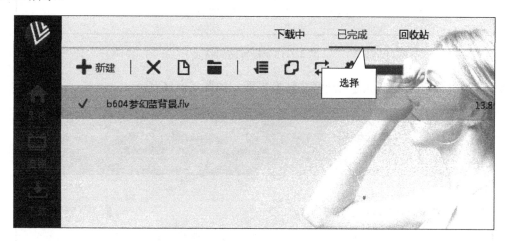

图 4-1-13　"已完成"选项卡

（2）单击"转码"按钮，如图 4-1-14 所示。

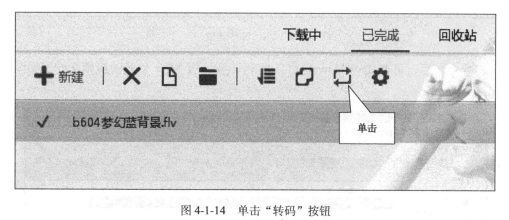

图 4-1-14　单击"转码"按钮

（3）在调出的"维棠转码"软件中，弹出的"格式转换"对话框中选择"文件格式"为"Mp4"，如图 4-1-15 所示。

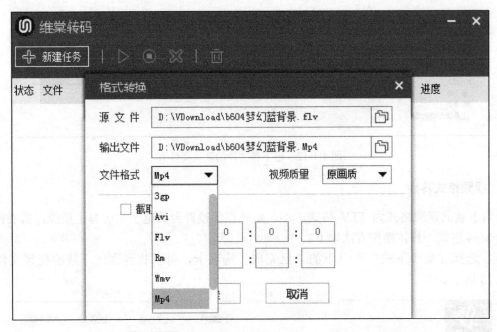

图 4-1-15　设置转码格式

（4）单击"确定"按钮，进入到格式转换界面，如图 4-1-16 所示。

图 4-1-16　等待转码

（5）转换完毕后，可在 D:\VDownload\下找到转换好的 Mp4 格式的视频文件，如图 4-1-17 所示。

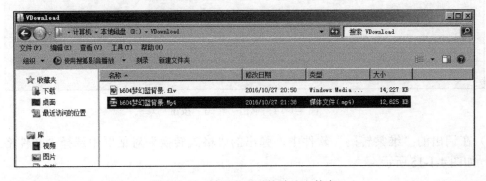

图 4-1-17　转码完成后的默认文件夹

▌▌知识拓展

（1）视频的获取途径主要有以下几种。

① 从网上下载。目前较为流行的视频网站有中国网络电视台、56 网、迅雷看看、优酷网、酷 6 网、奇异网、土豆网、百度视频等，各网站还提供了专门的视频下载和播放工具。

② 直接用数码摄像机拍摄。

③ 从录像片、VCD、DVD 片中获取。最方便的方法是用超级解霸进行截取，VCD、DVD 均可用超级解霸进行截取。

④ 录制视频屏幕。Snagit 也可以用于录制视频屏幕。通过 Snagit 可以把屏幕上的一切动作抓取为 AVI 动画文件。

⑤ 使用工具自己制作。Premiere、会声会影等视频处理工具可以帮助用户方便快速地制作所需的视频资源。

（2）常用的视频播放器有 QQ 影音、暴风影音、迅雷看看播放器、优酷客户端，还有 Windows 7 系统自带的 Windows Media Player 等。

（3）素材的收集与处理，要运用多个软件多种形式。其软件与方法，不一定非用哪个不可，要根据具体的情况、具体的环境来决定如何处理，以求用最经济最方便的方法取得最好的效果。

▌▌实战演练

1．使用维棠搜索自己喜欢看的电影，并把它下载下来。
2．使用维棠搜索自己喜欢看的电视剧，并设置"追剧"。

任务二　格式转换工具——格式工厂

▌▌任务目标

1．会下载和安装格式工厂。
2．能根据需要对视频和音频进行简单剪辑和转换。
3．会使用格式工厂合并剪辑的视频和音频。

▌▌任务描述

曙光职业学校的红舞鞋舞蹈社团为了学校一年一度的红五月艺术节，准备了一段奇幻风格的超唯美舞蹈要在艺术节上表演，他们已经使用维棠下载工具下载了一段较为合适的视频背景文件，想在学校准备的大屏幕电子屏上播放，但是只需要视频中的其中几段，并且该视频又怎样和自己准备好的音乐合并为一段视频文件呢？

▌▌任务实施

格式工厂（Format Factory）是面向全球用户的互联网软件，它是一款多功能的多媒体格式转换软件，适用于 Windows。可以实现大多数视频、音频及图像不同格式之间的相互转换，具有设置文件输出配置、增添数字水印等功能。只要安装了格式工厂无须再去安装多种转换软件提供的功能。

1. 先从官网上下载格式工厂安装软件包进行安装

（1）打开浏览器，在地址栏中输入网址"http://www.pcfreetime.com"，即可进入格式工厂官网进行安装软件下载，如图 4-2-1 所示。

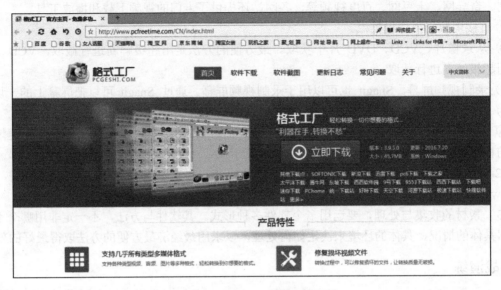

图 4-2-1　格式工厂官网下载界面

（2）单击"立即下载"按钮在弹出的"下载文件"对话框中，单击"保存"按钮，将安装程序保存至桌面上，如图 4-2-2 所示。

图 4-2-2　"下载文件"对话框

（3）双击下载下来的安装软件图标进行安装，如图 4-2-3 所示。

图 4-2-3　下载下来的软件图标

（4）在弹出的"格式工厂"对话框中，单击"一键安装"按钮，如图4-2-4所示。

图 4-2-4 安装界面

（5）安装完成后，即可单击"立即体验"按钮，进入到格式工厂软件界面，如图4-2-5所示。

图 4-2-5 安装完成

2. 启动格式工厂软件进行相关视频的截取和转换

（1）启动后的格式工厂软件界面，可看到格式工厂可转换视频、音频、图片、文档、多种移动设备所支持的各种格式，如图4-2-6所示。

（2）在"视频"选项卡下，选择"MP4"选项，在出现的对话框中，单击"添加文件"按钮，如图4-2-7所示。

（3）在弹出的"打开"对话框中选择下载好的"梦幻背景.MP4"视频文件，单击"打开"按钮，将视频文件添加到软件界面中，如图4-2-8所示。

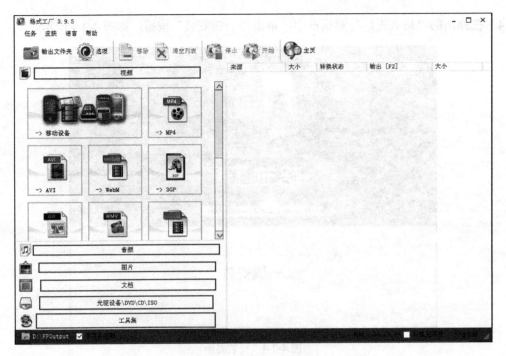

图 4-2-6　格式工厂主界面

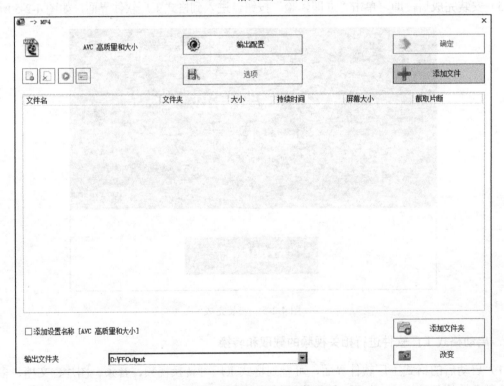

图 4-2-7　视频转换功能下的界面

（4）在软件界面中，单击"输出配置"按钮，在弹出的"视频设置"对话框中，设置"关闭音效"为"是"，单击"确定"按钮，如图 4-2-9 所示。

（5）在软件界面中，单击"选项"按钮，在出现的对话框中设置开始时间为 00:00:00，结束时间为 00:01:08，单击"确定"按钮，如图 4-2-10 所示。

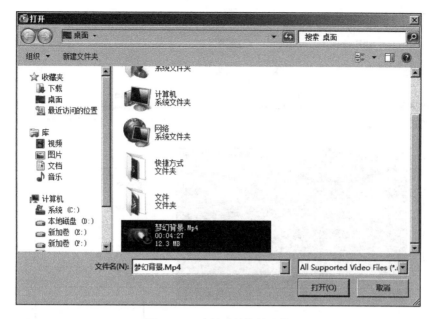

图 4-2-8 选择要转换的文件

图 4-2-9 设置输出配置中关闭声音

（6）在软件界面单击"确定"按钮，回到格式工厂主界面，如图 4-2-11 所示。

（7）重复第（2）步至第（6）步的操作步骤，同样选择该视频，设置开始时间为 00:01:36，结束时间为 00:03:53，截取后同样回到格式工厂主界面，如图 4-2-12 所示。

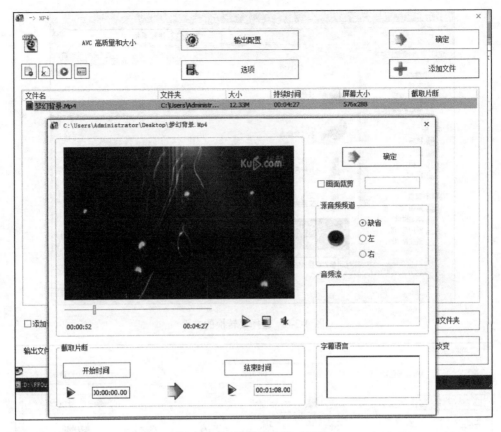

图 4-2-10　设置截取的时间段

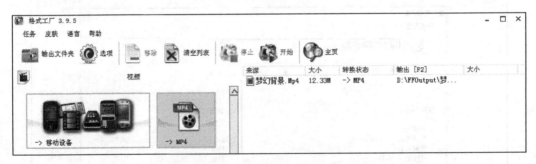

图 4-2-11　主界面已显示待转换的文件

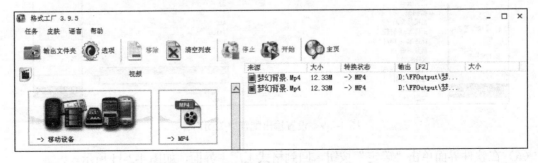

图 4-2-12　主界面已显示两段待转换的文件

（8）单击"开始"按钮，开始转换并完成转换文件，如图 4-2-13 所示。

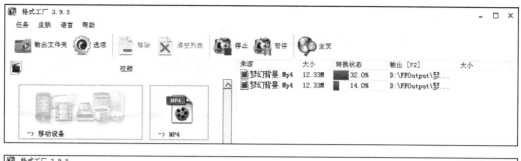

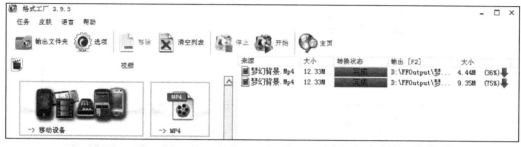

图 4-2-13　转换界面

3. 视频的合并和音视频合并

被截取的视频需要重新合并，并且添加上舞蹈所需要的音乐文件。具体操作方法如下。

（1）被截取和处理好的两段视频在默认输出文件夹 D:\FFOutput 中可以找到，如图 4-2-14 所示。

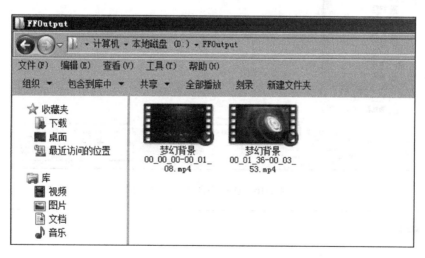

图 4-2-14　转换好的两个视频文件所在位置

（2）在格式工厂软件主界面选择"工具集"下的"视频合并"命令，如图 4-2-15 所示。

（3）在弹出的"视频合并"对话框中，单击"添加文件"按钮，在出现的"打开"对话框中选择 D:\FFOutput 文件夹下的两个视频文件，并单击"打开"按钮，如图 4-2-16 所示。

（4）在"视频合并"对话框中，单击"确定"按钮，回到格式工厂主界面，如图 4-2-17 所示。

（5）在格式工厂主界面，单击"开始"按钮进行视频合并，如图 4-2-18 所示。

（6）完成后的合并视频文件输出在默认文件夹 D:\FFOutput 中，如图 4-2-19 所示。

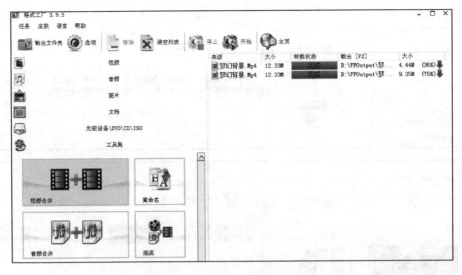

图 4-2-15 选择"工具集"下的"视频合并"选项

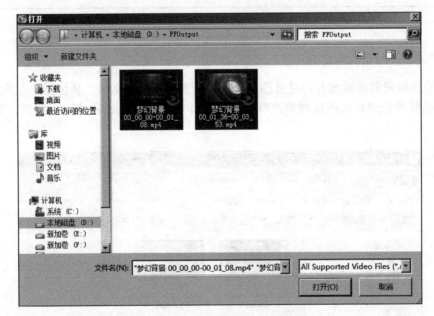

图 4-2-16 选择要合并的两个视频

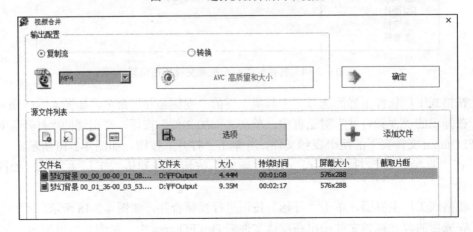

图 4-2-17 确认要合并的两个视频

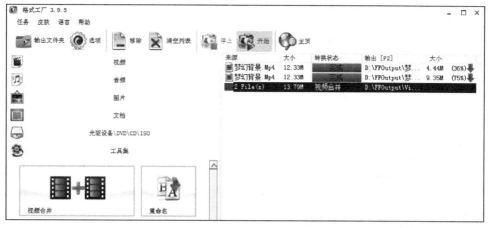

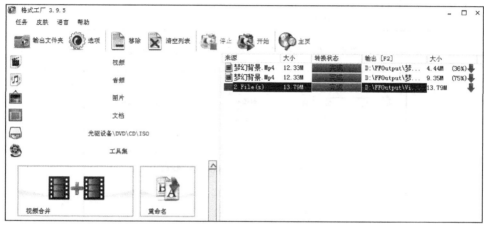

图 4-2-18　视频合并完成

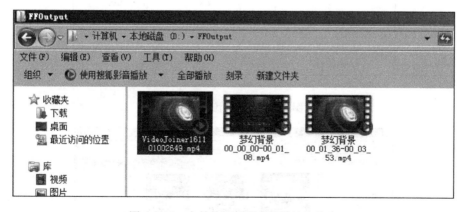

图 4-2-19　合并的视频所在的默认文件夹

4. 将音频和视频文件进行合并

（1）在格式工厂主界面选择"工具集"下的"混流"选项，如图 4-2-20 所示。

（2）在弹出的"混流"对话框中，单击"视频流"组中的"添加文件"按钮，如图 4-2-21 所示。

（3）在弹出的"打开"对话框中，选择 D:\FFOutput 文件夹中的合并视频文件"VideoJoiner 161101002649.mp4"文件，单击"打开"按钮，如图 4-2-22 所示。

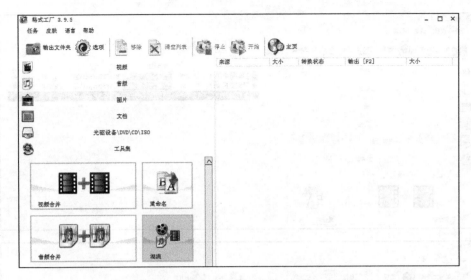

图 4-2-20　选择"工具集"下的"混流"选项

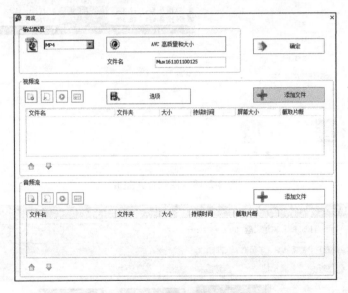

图 4-2-21　"混流"对话框

图 4-2-22　选择要混流的视频文件

（4）回到"混流"对话框中，单击"音频流"组中的"添加文件"按钮，选择舞蹈所需要的音频文件"跳伞.mp3"文件，如图4-2-23所示。

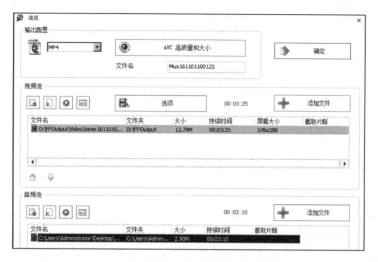

图 4-2-23　选择要混流的音频文件

（5）选择好视频文件和音频文件以后，单击"确定"按钮，回到格式工厂主界面，单击"开始"按钮，进行音视频的合并，如图4-2-24所示。

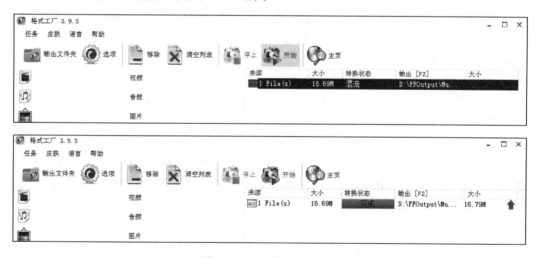

图 4-2-24　开始合并音视频

（6）合并后的音视频文件放在默认文件夹 D:\FFOutput 中，如图 4-2-25 所示。至此，红舞鞋社团同学们跳舞所需的音视频、文件就处理好了，可以正常在学校舞台电子屏幕上播放了。

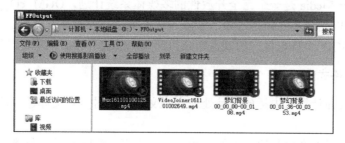

图 4-2-25　存放在默认输出文件夹中

知识拓展

1. 常见的视频格式介绍

视频格式是指视频播放软件为了能够播放视频文件而赋予视频文件的一种识别符号，常见的视频格式有以下几种。

（1）AVI：其含义是 Audio Video Interactive，就是把视频和音频编码混合在一起储存，无压缩原视频格式。

（2）WMV：Windows Media Video 是微软公司开发的一组数位视频编解码格式的通称，ASF（Advanced Systems Format）是其封装格式。ASF 封装的 WMV 档具有"数位版权保护"功能。

（3）MPEG：Moving Picture Experts Group，是一个国际标准组织（ISO）认可的媒体封装形式，受到大部分机器的支持。其储存方式多样，可以适应不同的应用环境。MPEG 的控制功能丰富，可以有多个视频（即角度）、音轨、字幕（位图字幕）等。MPEG 的一个简化版本 3GP 还广泛地用于准 3G 手机上。

（4）DivX：DivX 是一项由 DivXNetworks 公司发明的，类似于 MP3 的数字多媒体压缩技术。DivX 基于 MPEG-4，可以把 MPEG-2 格式的多媒体文件压缩至原来的 10%，更可把 VHS 格式的录像带格式的文件压至原来的 1%。通过 DSL 或 CableModem 等宽带设备，它可以让用户欣赏全屏的高质量数字电影。同时它还允许在其他设备（如数字电视、蓝光播放器、PocketPC、数码相机、手机）上观看，对机器的要求不高，这种编码的视频 CPU 只要是 300MHz 以上、64M 内存和一个 8M 显存的显卡就可以流畅地播放了。采用 DivX 的文件小，图像质量更好。

（5）DV：（数字视频）通常用于用数字格式捕获和储存视频的设备（诸如便携式摄像机）。有 DV 类型 I 和 DV 类型 II 两种 AVI 文件。

（6）MKV：Matroska 是一种新的多媒体封装格式，这种封装格式可把多种不同编码的视频及 16 条或以上不同格式的音频和语言不同的字幕封装到一个 Matroska Media 档内。它也是其中一种一种开放源代码的多媒体封装格式。Matroska 同时还可以提供非常好的交互功能，而且比 MPEG 的方便、强大。

（7）RM / RMVB：Real Video 或者称 Real Media（RM）档是由 RealNetworks 开发的一种档容器。它通常只能容纳 Real Video 和 Real Audio 编码的媒体。该档带有一定的交互功能，允许编写脚本以控制播放。RM，尤其是可变比特率的 RMVB 格式，体积很小，非常受网络下载者的欢迎。

（8）MOV：QuickTime Movie 是由苹果公司开发的容器，由于苹果电脑在专业图形领域的统治地位，QuickTime 格式基本上成为电影制作行业的通用格式。1998 年 2 月 11 日，国际标准组织（IS0）认可 QuickTime 档案格式作为 MPEG-4 标准的基础。QT 可储存的内容相当丰富，除了视频、音频以外还可支援图片、文字（文本字幕）等。

（9）OGG：Ogg Media 是一个完全开放性的多媒体系统计划，OGM（Ogg Media File）是其容器格式。OGM 可以支持多视频、音频、字幕（文本字幕）等多种轨道。

（10）MOD：MOD 是 JVC 生产的硬盘摄录机所采用的储存格式名称。

2. 常见的音频格式介绍

音频格式是指要在计算机内播放或是处理音频文件，是对声音文件进行数、模转换的过程，常见格式有以下几种。

（1）CD：CD 格式的音质是比较高的音频格式。后缀为*.dat 格式，标准 CD 格式是 44.1K 的采样频率，速率为 88K/s，16 位量化位数，此 CD 音轨可以说是近似无损的，它的声音基本上是忠于原声的。

（2）WAVE：WAVE（*.WAV）是微软公司开发的一种声音文件格式，它用于保存 Windows 平台的音频信息资源，被 Windows 平台及其应用程序所支持。标准格式的 WAV 文件和 CD 格式一样，也是 44.1K 的采样频率，速率为 88K/s，16 位量化位数，WAV 格式的声音文件质量和 CD 相差无几，也是 PC 上广为流行的声音文件格式。

（3）MP3：MP3 指的是 MPEG 标准中的音频部分，也就是 MPEG 音频层。MPEG 音频文件的压缩是一种有损压缩，相同长度的音乐文件，用*.mp3 格式来储存，一般只有*.wav 文件的 1/10，而音质要次于 CD 格式或 WAV 格式的声音文件。由于其文件尺寸小，音质好，直到现在，作为主流音频格式的地位难以被撼动。

（4）MIDI：Musical Instrument Digital Interface 格式被经常玩音乐的人使用，MIDI 允许数字合成器和其他设备交换数据。MID 文件主要用于原始乐器作品，流行歌曲的业余表演，游戏音轨以及电子贺卡等。*.mid 文件重放的效果完全依赖声卡的档次。

（5）WMA：Windows Media Audio 格式是来自于微软的重量级选手，后台强硬，音质要强于 MP3 格式，WMA 格式的可保护性极强，甚至可以限定播放机器、播放时间及播放次数，具有相当的版权保护能力。

（6）RealAudio：RealAudio 主要适用于网络上的在线音乐欣赏，现在大多数的用户仍然在使用 56Kbps 或更低速率的 Modem，在网速不佳的情况下，有的下载站点会提示用户根据自己的 Modem 速率选择最佳的 Real 文件。Real 的文件格式主要有以下几种：RA（RealAudio）、RM（RealMedia，RealAudio G2）、RMX（RealAudio Secured），还有更多。这些格式的特点是可以随网络带宽的不同而改变声音的质量，在保证大多数人听到流畅声音的前提下，令带宽较富裕的听众获得较好的音质。

3. 常见的图片文件格式

图片文件格式即图像文件存放的格式，通常有 JPEG、TIFF、RAW、BMP、GIF、PNG 等。由于数码相机拍下的图像文件很大，储存容量却有限，因此图像通常都会经过压缩再储存。BMP（Windows 标准位图）是最普遍的点阵图格式之一，也是 Windows 系统下的标准格式。

（1）BMP：BMP（Window 标准位图）是最普遍的点阵图格式之一，也是 Windows 系统下的标准格式，是将 Windows 下显示的点阵图以无损形式保存的文件，其优点是不会降低图片的质量，但文件比较大。

（2）JPG/JPEG：（联合图形专家组图片格式）最适用于使用真彩色或平滑过渡式的照片和图片。该格式使用有损压缩来减少图片的大小，因此用户将看到随着文件的减小，图片的质量也降低了，当图片转换成.jpg 文件时，图片中的透明区域将转化为纯色。

（3）PNG：（可移植的网络图形格式）适合于任何类型，任何颜色深度的图片。也可以用 PNG 来保存带调色板的图片。该格式使用无损压缩来减少图片的大小，同时保留图片中的透明区域，所以文件也略大。尽管该格式适用于所有的图片，但有的 Web 浏览器并不支持它。

（4）GIF：（图形交换格式）最适用于线条图（如最多含有 256 色）的剪贴画及使用大块纯色的图片。该格式使用无损压缩来减少图片的大小，当用户要保存图片为.gif 时，可以自行决定是否保存透明区域或者转换为纯色。同时，通过多幅图片的转换，GIF 格式还可以保存动画文件。但要注意的是，GIF 最多只能支持 256 色。

目前，网页上较普遍使用的图片格式为 GIF 和 JPG（JPEG）这两种图片压缩格式，因其在网上的装载速度很快，所有较新的图像软件都支持 GIF 、JPG 格式，因此，要创建一张 GIF 或 JPG 图片，只需将图像软件中的图片保存为这两种格式即可。

实战演练

1. 使用格式工厂截取一段自己喜欢的音乐文件作为手机铃声。
2. 使用格式工厂将一段自己录制的视频配上背景音乐。

任务三　音频编辑工具——Adobe Audition CS6

任务目标

1. 熟悉 Audition 界面的基本操作。
2. 能在单轨编辑界面和多轨编辑界面下录制话筒的声音并正确保存声音文件。
3. 能对音频进行降噪处理；能在单轨编辑界面下编辑与处理音频。
4. 能在多轨界面下编辑与处理音频。

任务描述

玉溪"哇家灯会"即将亮相，为了让更多的市民了解本届灯会内容，吸引更多市民来赏灯游玩，灯会宣传组的李敏要制作一个玉溪灯展的宣传解说，通过流动宣传车播放，全面地向市民展示和推介本届灯会。

任务实施

1. 录音前的准备

（1）在计算机未通电前，将话筒接口与计算机机箱前面板或后面板的 Microphone（麦克风）输入接口相连接。

（2）在 Windows 7 操作系统下，选择"开始"→"控制面板"→"硬件和声音"→"声音"选项，打开"声音"对话框，在"录制"选项卡中选择要使用的录音设备右击，在弹出的快捷菜单中选择"设置为默认设备"命令，如图 4-3-1 所示。

（3）接着单击"属性"按钮，打开"麦克风 属性"对话框，在"级别"选项卡中适当调整麦克风的音量和麦克风加强的值，如图 4-3-2 所示；在"高级"选项卡中设置声音的采样频率和位深度为"2 通道，16 位，44100Hz（CD 音质）"，如图 4-3-3 所示，然后单击"确定"按钮，返回到"声音"对话框。

（4）使用相同的方法在"声音"对话框的"播放"选项卡中将要使用的播放设备设置为默认设备，接着单击"属性"按钮，打开"扬声器 属性"对话框，在"高级"选项卡中同样设置声音的采样频率和位深度为"16 位，44100Hz（CD 音质）"，如图 4-3-4 所示，然后单击"确定"按钮，返回到"声音"对话框，再单击"确定"按钮关闭对话框。

（5）执行"开始"→"所有程序"→"Adobe Audition CS6"命令或双击桌面上的"Adobe Audition CS6"快捷图标，打开 Audition 的单轨编辑界面，如图 4-3-5 所示。

图 4-3-1 选择录音设备

图 4-3-2 音量和麦克风加强设置

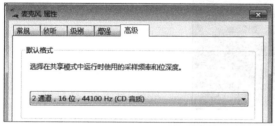

图 4-3-3 麦克风采样频率和位深度设置

图 4-3-4 扬声器采样频率和位深度设置

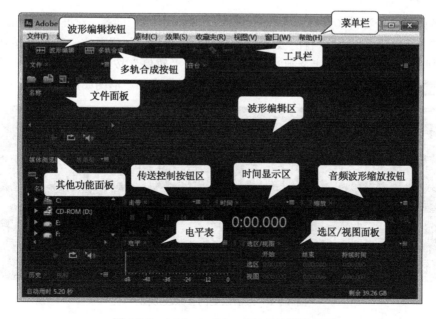

图 4-3-5 Adobe Audition CS6 单轨编辑界面

（6）执行"编辑"→"首选项"→"音频硬件"命令，在打开的"音频硬件"选项框中根据在操作系统中设置的默认播放、录音设备，分别选择"默认输入""默认输出"的硬件设备，如图 4-3-6 所示，然后单击"确定"按钮。

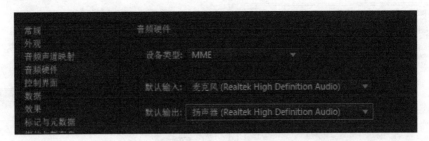

图 4-3-6　设置"默认输入""默认输出"硬件设备

2. 新建音频文件

执行"文件"→"新建"→"音频文件"命令或单击工具栏中的"波形编辑"按钮 ，弹出"新建音频文件"对话框，设置文件名为"录音文件"、采样率为"44100"Hz、声道为"立体声"、位深度为"16"位，如图 4-3-7 所示，然后单击"确定"按钮。

图 4-3-7　"新建音频文件"对话框

3. 录制声音

打开准备好的录音资料（素材 4-3-1.txt 文件），单击录制按钮 ，对准麦克风录制声音，同时在波形编辑区可以看到录制声音的波形；在录制的过程中，如果单击"暂停"按钮 ，可暂停当前的录制操作，当需要继续录制时可以再次单击"暂停"按钮 ；当录制完成后，单击"停止"按钮 或按下空格键，结束录制操作，最后录制的音频波形图如图 4-3-8 所示。

图 4-3-8　最后录制的音频波形图

4．对音频进行降噪处理

（1）单击"缩放区"的"放大（时间）工具"按钮 或将鼠标指针放在波形图上向前滚动鼠标滚轮，水平放大波形，在波形区域单击鼠标左键并拖动，选择一段没有录音的区域（如选择0秒至2秒之间），这时选择的区域呈高亮显示，如图 4-3-9 所示，接着执行"效果"→"降噪/恢复"→"采集噪声样本"命令，在弹出的"采集噪声样本"提示对话框中执行"确定"命令，将当前选择的音频波形作为噪声样本。

图 4-3-9　选择噪声波形

（2）按"Ctrl+A"组合键选择全部音频波形，执行"效果"→"降噪/恢复"→"降噪"命令，打开"效果-降噪"对话框，使用默认参数，然后单击"应用"按钮关闭对话框，此时可以看到停顿期间录制的较小波形变得平直，经过降噪处理前后的波形放大对比如图 4-3-10 所示。

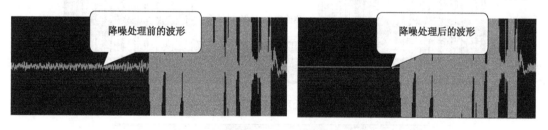

图 4-3-10　降噪处理前后的波形放大对比

5．在单轨界面编辑音频波形

（1）单击播放按钮 ，监听声音内容，会发现在 20 秒左右处有人清嗓子的声音，在两段录音之间位置空白波形较长，这时可以单击"缩放区"的"放大（时间）工具"按钮 或将鼠标指针放在波形图上向前滚动鼠标滚轮，水平放大波形，在清嗓子声音波形的开始处单击鼠标左键不放并向右拖动鼠标，选择这段音频波形，这时选择的区域呈高亮显示，如图 4-3-11 所示。

（2）接着执行"编辑"→"删除"命令或直接按"Delete"键，删除该波形区域；使用相同的方法，删除其他两段录音之间多余的空白波形；再单击"全部缩小"按钮 ，显示全部波形，处理前后的波形对比如图 4-3-12 所示。

（3）执行"文件"→"另存为"命令，打开"另存为"对话框，选择要保存的位置、格式等信息，如图 4-3-13 所示，单击"确定"按钮保存录音文件。

图 4-3-11　选择清嗓子声音的波形

图 4-3-12　处理前后的波形对比图

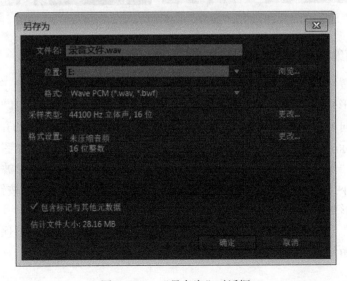

图 4-3-13　"另存为"对话框

6. 编辑背景音乐

（1）执行"文件"→"导入"→"文件"命令或单击文件面板中的"导入文件"按钮，打开"导入文件"对话框，选择素材文件夹中的文件素材"4-3-2.mp3"文件，单击"打开"按钮导入文件，这时在文件面板中同时显示了两个文件的文件名及相关信息，双击对应的文件名即可在波形编辑区显示该音频文件的波形，选中的音频文件名以黄色显示，如图4-3-14所示。

（2）双击文件面板中的"4-3-2.mp3"文件，在波形编辑区显示该音频文件的波形，执行"效果"→"振幅与压限"→"增幅"命令，打开"效果-增幅"对话框，设置左右声道的增益值为"-5"dB，如图4-3-15所示，然后单击"应用"按钮，减小音频的音量。

图4-3-14　文件面板　　　　　　　　图4-3-15　"效果-增幅"对话框

（3）选中"4-3-2.mp3"音频文件波形0至10秒的位置，然后执行"收藏夹"→"淡入"命令为该波形设置淡入效果；在波形上选择3分钟以后的波形区域，然后执行"收藏夹"→"淡出"命令为该波形设置淡出效果，设置淡入、淡出效果后波形如图4-3-16所示，单击"保存"按钮，保存文件。

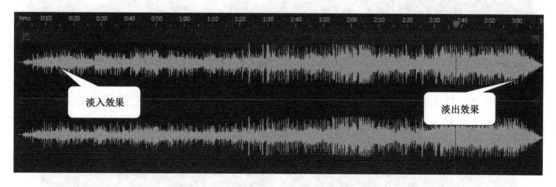

图4-3-16　设置淡入、淡出效果后的波形

7. 多轨合成

（1）执行"文件"→"新建"→"多轨合成项目"命令，或单击工具栏中的"多轨合成"按钮 多轨合成，打开"新建多轨项目"对话框，设置文件名为"解说"、采样率为"44100"Hz、主控为"立体声"、位深度为"16"位，如图4-3-17所示，单击"确定"按钮，打开多轨编辑界面，如图4-3-18所示。

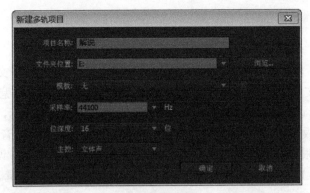

图 4-3-17 "新建多轨项目"对话框

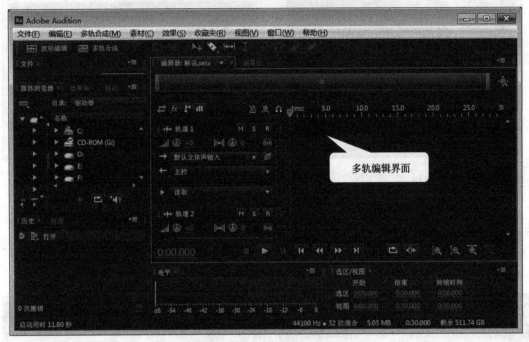

图 4-3-18 多轨编辑界面

（2）选中"文件面板"中的"录音文件.wav"音频文件，按住鼠标左键并拖动文件到编辑区的第一个音轨上，释放鼠标将该音频文件插入到音轨 1 中；使用相同的方法，将"4-3-2.mp3"文件插入到音轨 2 中，如图 4-3-19 所示。

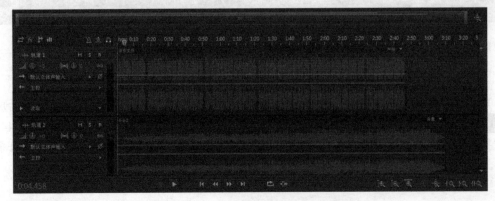

图 4-3-19 插入两个音频文件的多轨界面

（3）单击工具栏中的"移动工具"按钮，在第一个音轨的音块上按下鼠标左键并向后拖动使左边界对应在第10秒的位置，移动位置后的界面如图4-3-20所示。

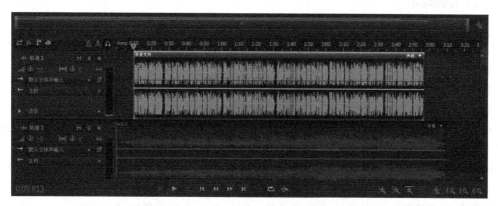

图4-3-20 移动音块位置后的界面

（4）单击"播放"按钮或按下空格键，播放并监听全部轨道的声音，满意后执行"文件"→"另存为"命令，打开"另存为"对话框，设置各项参数并保存项目文件，如图4-3-21所示。

（5）执行"文件"→"导出"→"多轨缩混"→"整个项目"命令，打开"导出多轨缩混"对话框，对文件保存进行设置如图4-3-22所示，然后单击"确定"按钮，导出MP3文件，宣传解说制作完成。

图4-3-21 保存项目文件　　　　　　　　　图4-3-22 设置保存MP3文件

知识拓展

1. Adobe Audition 软件简介

Adobe Audition 是一款集音频录制、混合、编辑和控制于一身的功能强大的音频处理软件，它能够进行单轨音频编辑、多轨音频编辑、音频录制、视频文件中的音频编辑等工作。

2．数字音频理论

数字音频是一种利用数字化手段对声音进行录制、存放、编辑、压缩或播放的技术，它是随着数字信号处理技术、计算机技术、多媒体技术的发展而形成的一种全新的声音处理手段。

数字音频的质量取决于采样率、位深度和声道数 3 个因素。

音频采样率是指设音设备在一秒内对声音信号的采样次数，采样频率越高声音的还原就越真实越自然。在当今的主流采集卡上，采样频率一般共分为 22.05kHz、44.1kHz、48kHz 三个等级，22.05kHz 只能达到 FM 广播的声音品质，44.1kHz 则是理论上的 CD 音质界限，48kHz 则更加精确一些。

位深度就是量化精度，它决定数字音频的动态范围。当进行频率采样时，较高的量化精度可以提供更多可能性的振幅值，从而产生更为大的振动范围、更高的信噪比，提高保真度。

声道数是指支持能不同发声的音响的个数，它是衡量音响设备的重要指标之一。单声道的声道数为一个声道；双声道的声道数为两个声道；立体声道的声道数默认为两个声道；立体声（4 声道）的声道数为 4 个声道。

3．降噪处理

在录制声音的过程中，可能会由于房间隔音能力有限，周围环境不安静如室外的汽车、人声、室内墙壁的反射、机器设备发出的噪声，在录音中声卡的杂音、音箱的噪声、计算机的风扇、硬盘等声响等会导致录制的声音中存在一定响度的噪声，当噪声太明显时就会影响听觉效果，甚至还会淹没声音中较弱的细节部分，使声音质量受到损伤，降噪处理就是降低或减少这种噪声的基本方法。目前比较科学的一种消除噪声的方式是采样降噪，Audition 中的"降噪器（处理）"效果器就是一种采样降噪的方法，其原理是：首先采集噪声音频剪辑获得噪声样本，再通过分析获得的噪声样本得到噪声特征，最后利用分析结果去除或降低夹杂在声音中的噪声。

4．在多轨界面下录制声音的操作方法

（1）单击工具栏中的"多轨合成"按钮 ，打开"新建多轨项目"对话框，设置好参数后，单击"确定"按钮，切换到多轨编辑界面，如图 4-3-23 所示，单击需要录制声音轨道中的"准备录制"按钮，该按钮从灰色变成红色，再单击传送控制区的"录制"按钮，就可以在多轨编辑界面下开始录制声音。

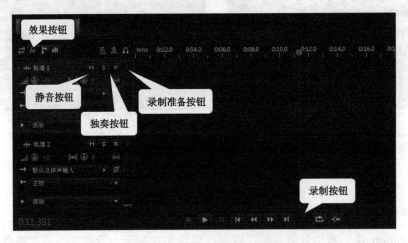

图 4-3-23　在多轨编辑界面录音

（2）如果需要边听音乐边录音，可以在轨道 1 中插入背景音乐，接着单击需录制轨道 2 中的"准备录制"按钮 R，该按钮从灰色变成红色 R，再单击传送控制区的"录制"按钮 ，就可以边听边录音了，如图 4-3-24 所示。

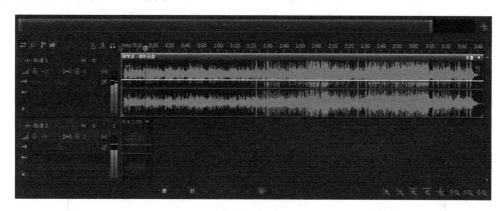

图 4-3-24　在多轨界面边听边录音

▌▌实战演练

1．利用素材文件 4-3-3.txt 和素材文件 4-3-4.mp3 文件，使用话筒和 Adobe Audition CS6 软件，在单轨编辑界面或多轨编辑界面录制一个《荷塘月色》的散文片段配乐朗读，并将文件保存为"配乐朗读.wav"。

2．从网上下载一首自己喜欢的歌曲伴奏，采用边听边演唱的方法，制作一首自己的 MP3 音乐。

任务四　影音制作工具——Windows Live 影音制作

▌▌任务目标

1．熟练掌握在 Windows Live 影音制作中导入多媒体素材的方法。
2．掌握音视频剪辑的操作方法。
3．掌握添加片头、片尾、字幕及视频特效转场的操作方法；掌握视频生成的操作方法。

▌▌任务描述

毕业了，为了让同学记住校园生活的点点滴滴，珍藏同学之间美好的青春记忆，班长李红打算使用平时收集的相片、视频等多媒体素材，利用 Windows Live 影音制作软件制作一个毕业纪念册。

▌▌任务实施

1．软件的安装及界面简介

下载 Windows Live 软件安装包并安装"Windows Live 影音制作"程序，执行"开始"→"所有程序"→"影音制作"命令 影音制作，打开 Windows Live 影音制作程序主界面，如

图 4-4-1 所示。

图 4-4-1　Windows Live 影音制作程序主界面

2. 导入视频和照片素材文件

在"开始"选项卡的"添加"组中单击"添加视频或照片"按钮或单击情节提要区，弹出"添加视频和照片"对话框，打开素材文件夹 4-4-1，按"Ctrl+A"组合键选择全部素材文件，单击"打开"按钮，导入全部视频和照片素材到情节提要区，在状态栏中显示了导入素材项目的序号，如图 4-4-2 所示。

图 4-4-2　导入视频和照片素材

3. 编辑视频

（1）根据故事情节的需要，可以对素材的播放顺序进行适当的调整。选中第 13 项的视频素材"视频 1.mp4"，按下鼠标左键不放并拖动到第一张照片的后面，松开鼠标即可调整素材的播放顺序，调整后的播放顺序如图 4-4-3 所示。

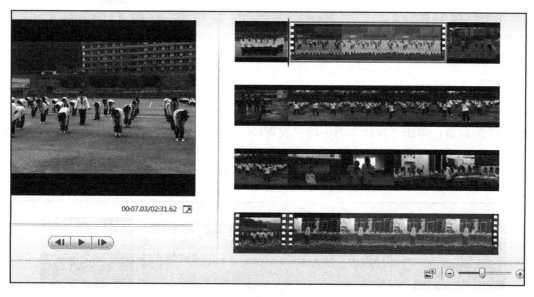

图 4-4-3　调整"视频 1"到第一张照片的后面

（2）使用相同的操作方法，将第 14 项的视频素材"视频 2.mp4"调整到第三张照片的后面，将第 15 项的视频素材"视频 3.mp4"调整到第十张照片的后面，调整后的素材播放顺序如图 4-4-4 所示。

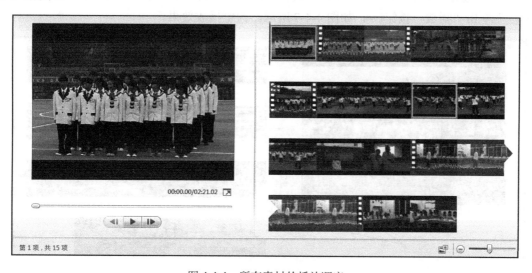

图 4-4-4　所有素材的播放顺序

（3）选中第一个视频素材"视频 1.mp4"，切换到"编辑"选项卡，各按钮功能如图 4-4-5 所示，单击"音频"组中的"视频音量"按钮，将视频的音量设置为静音。

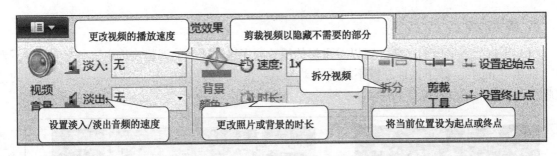

图 4-4-5 "编辑"选项卡各按钮功能

（4）鼠标拖动播放指示器到视频的 9 秒 03 的位置，如图 4-4-6 所示，单击"编辑"组中的"设置起始点"按钮 ，将当前位置设为该视频的起始点；接着用鼠标拖动播放指示器到视频的 22 秒 17 的位置，单击"编辑"组中的"设置终止点"按钮 ，将当前位置设为该视频的终止点。

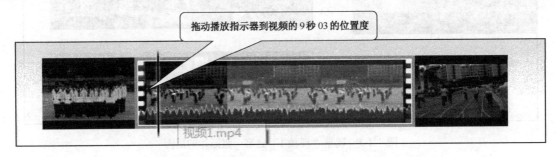

图 4-4-6 拖动播放指示器到视频开始播放的位置

（5）选中第二个视频素材"视频 2.mp4"，将视频的音量设置为静音，在"调整"组中单击"速度"下拉按钮，在弹出的下拉列表中选择速度为"1.25x"，更改视频的播放速度，接着在"预览区"单击"播放"按钮 ，如图 4-4-7 所示，预览播放效果。

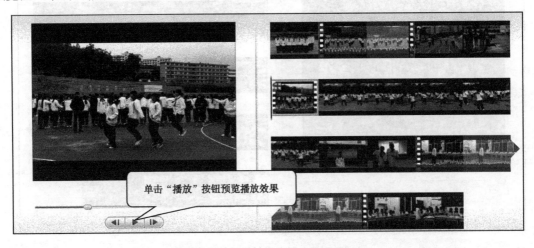

图 4-4-7 在"预览区"预览播放效果

（6）选中第一张照片素材，按下"Ctrl 键"不放，分别选中其他所有的照片素材，如图 4-4-8 所示，在"调整"组中单击"时长"下拉按钮，在弹出的下拉列表中选择时长为 4.00，将照片播放的时长更改为 4 秒。

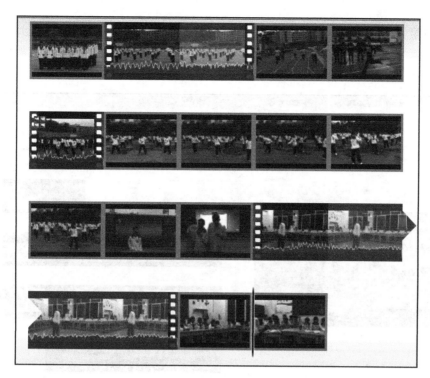

图 4-4-8 选中所有的照片素材

4. 添加动画效果

（1）选中第 1 项的照片素材，切换到"动画"选项卡，在"过渡特技"组中选择"交叉进出"选项，为该照片添加交叉进出的过渡效果，此时在该项目的左下角会自动添加一个"过渡特技"的图标，如图 4-4-9 所示；单击"时长"下拉按钮，在弹出的下拉列表中可以设置过渡效果的时间长度；单击"全部应用"按钮，可以将该过渡效果应用于所有项目。

图 4-4-9 为第一个项目添加过渡效果

（2）选中第 2 项的视频素材，单击"过渡特技"组中的下拉按钮 🔽，在展开的列表中选择"左上页面卷曲"效果，如图 4-4-10 所示，为第二个项目添加左上页面卷曲的过渡效果，使用相同的方法，根据自己的喜好，为其他项目添加其他的过渡效果。

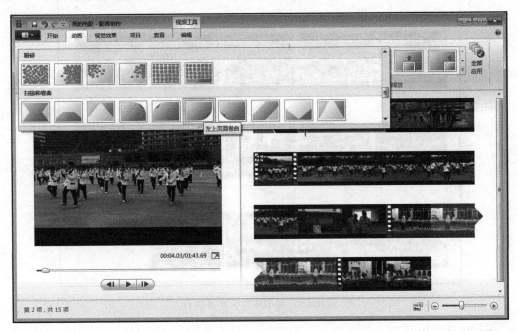

图 4-4-10　添加"左上页面卷曲"过渡效果

（3）选中第一个项目，在"平移和缩放"组中选择"自动平移和缩放"选项，为照片添加平移和缩放动画，如图 4-4-11 所示，此时在该项目的左上角会自动添加"平移和缩放"图标；使用相同的方法，为其他项目添加其他的"平移和缩放"动画效果。

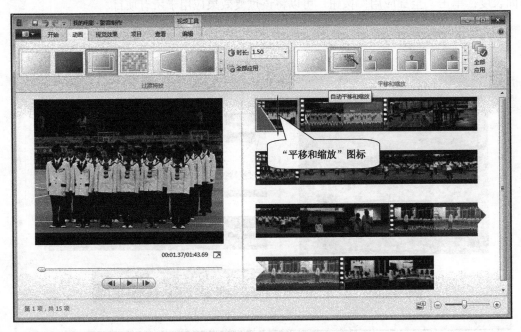

图 4-4-11　添加"自动平移和缩放"动画效果

5. 添加视觉效果

选中第一个项目，切换到"视觉效果"选项卡，在"效果"组中选择"棕褐色调"选项，如图 4-4-12 所示。

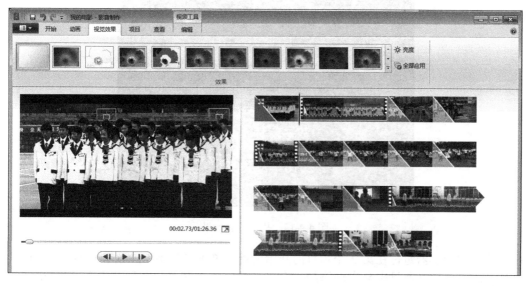

图 4-4-12　添加视觉效果

6. 添加片头、片尾及字幕

（1）将播放指示器定位在视频开始位置，单击"开始"选项卡"添加"组中的"片头"按钮 ▣片头，在视频前端会自动插入一段片头，在预览区的文本框中输入片头文字"我们一起走过的日子"；在"格式"选项卡的"字体"组中设置字体为"黑体"，大小为"36"磅，颜色为"白色"；在"效果"组设置片头效果为"电影-爆炸 1"，设置后片头的播放效果如图 4-4-13 所示。

图 4-4-13　片头播放效果

（2）将播放指示器定位在视频结束位置，单击"开始"选项卡"添加"组中的"片尾"按钮 ▣片尾，在视频结尾处会自动插入一段片尾，在预览区的文本框中输入片尾文字"数字媒体七班　2016 年 7 月 30 日"；在"格式"选项卡的"字体"组中设置字体为"黑体"，大小为"24"

磅，颜色为"白色"；在"效果"组设置片尾效果为"滚动"，设置后片尾的播放效果如图 4-4-14 所示。

图 4-4-14　片尾播放效果

（3）将播放指示器定位在第 2 个项目的开始位置，单击"开始"选项卡"添加"组中的"描述"按钮 回描述 ，在该项目中会自动添加一个文本框，输入文字"全班合影"；在"格式"选项卡的"字体"组中设置字体为"黑体"，大小为"24"磅，颜色为"白色"；在"效果"组设置字幕播放效果为"电影-爆炸 1"，设置的播放效果如图 4-4-15 所示。

图 4-4-15　字幕播放效果

7．添加背景音乐

单击"开始"选项卡"添加"组中的"添加音乐"按钮 ♪ ，在展开的下拉列表的"从电脑添加音乐"组中选择"添加音乐"命令，打开"添加音乐"对话框，在素材文件夹中选择"背景音乐.mp3"文件，单击"打开"按钮，为视频添加背景音乐，如图 4-4-16 所示，切换至"音乐工具"选项卡，在"音频组"的"淡入"下拉列表中选择淡入速度为"中速"，设置"淡出"速度为"中速"。

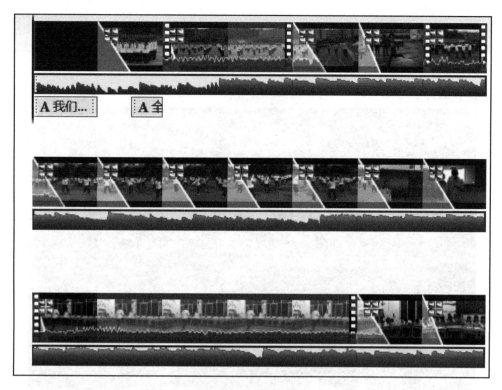

图 4-4-16　添加背景音乐

8. 保存、生成视频

（1）单击"影音制作"按钮 ，在展开的菜单中选择"保存项目"命令，打开"保存项目"对话框，如图 4-4-17 所示，单击"保存"按钮，保存项目文件。

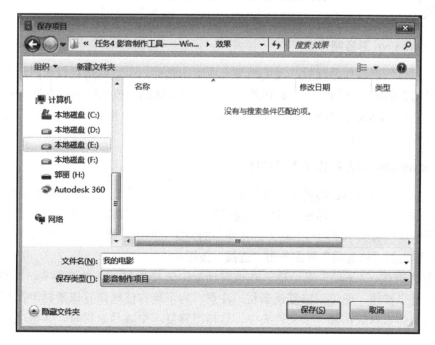

图 4-4-17　保存项目文件

（2）单击"影音制作"按钮 ，在展开的菜单中选择"保存项目"下的"计算机"命令，打开"保存电影"对话框，设置文件名为"毕业相册"，保存类型为"MPEG-4 视频文件"，单击"保存"按钮，生成视频文件，播放效果如图 4-4-18 所示。

图 4-4-18　视频播放效果

知识拓展

1．Windows Live 影音制作

Windows Live 影音制作是微软开发的影音合成制作软件。可以使用视频和照片在很短的时间里轻松制作出精美的影片或幻灯片，并在其中添加各种各样的转换和特效。支持 Windows Vista/7 操作系统（不支持 Windows XP），提供简体中文语言界面，而且也采用了最新的 Ribbon 样式工具栏，包括开始、动画、视觉效果、查看、编辑等多个标签栏。

2．Windows Live 影音制作中素材的修复

当改变了 Windows Live 影音制作项目文件的存储路径或改变了素材的存储路径，重新打开项目文件时，项目素材将无法显示，这时可通过以下操作方法解决该问题。

（1）在无法显示的第 1 项素材上右击，在弹出的快捷菜单中选择"修复项"命令，如图 4-4-19 所示，接着在弹出的"修复项"界面单击"查找"按钮。

（2）打开"查找'1.jpg'"对话框，在该对话框中选择素材所在的文件夹，如图 4-4-20 所示，单击"打开"按钮，便可以修复该素材。注意，为了能方便地修复该素材，在制作之前，可以将所有的多媒体素材放在同一个文件夹中，这样当修复一个项目素材时，其他项目就可以同时一起被修复。

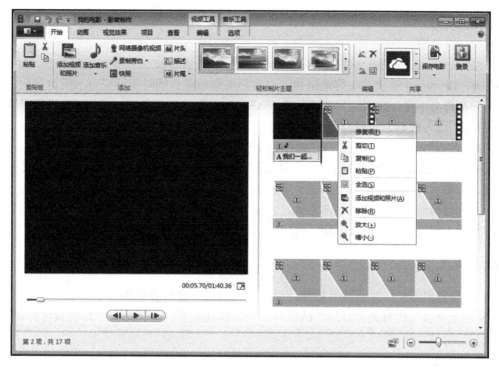

图 4-4-19 选择"修复项"命令

图 4-4-20 查找"'1.jpg'"对话框

3. 常用的视频编辑软件

（1）会声会影是一款功能强大的视频编辑软件，具有图像抓取和编修功能，可以抓取、转换MV、DV、V8、TV 和实时记录抓取画面文件，并提供有超过 100 多种的编制功能与效果，可导出多种常见的视频格式，甚至可以直接制作成 DVD 和 VCD 光盘。会声会影软件简单易用，傻瓜式操作，一看就懂。

（2）Adobe Premiere 是一款常用的视频编辑软件，由 Adobe 公司推出，能够和 Photoshop、AfterEffects、Illustrator 等软件很好地衔接，以提高工作效率。同时能够充分利用这些软件各自的优势从而弥补自身不足。在实际工作流程中，AE+PR 是最佳工作方案，使用 PR 进行剪辑，利用 AE 制作特效，成为最有力的组合。

（3）Edius 非线性编辑软件专为广播和后期制作环境而设计，特别针对新闻记者、无带化视频制播和存储。Edius 拥有完善的基于文件工作流程，提供了实时、多轨道、多格式混编、合成、色键、字幕和时间线输出功能。这款非编软件的优势非常明显，从界面上讲，它继承 AVID 的风格，专为剪辑而生，工作效率非常高。从操作方式讲，它简单易用，只比会声会影难了一点点，但却从根本上摆脱了会声会影那样傻瓜式的操作方式，显得专业而高效。

▌ 实战演练

1. 收集自己班级的一些照片、视频，做一个自己班级的相册视频。
2. 从网上下载一些有关"灯展"的照片、声音和视频素材，制作一个灯展宣传片。

项目五　图形图像工具

项目描述

随着数码技术的发展，人们获取图形图像的途径、方法和手段越来越多。在工作、学习和生活中，我们可以使用数码相机、智能手机和平板电脑（Pad）等设备随时随地拍摄自己感兴趣、值得纪念的相片，特别是随着人们生活水平的提高，在工作之余会有更多的机会外出旅游，大家都愿意留下旅途中美好的回忆。随着时间的推移，会积累大量的相片。对于这些相片，可以使用一些常用的图形图像工具对它们进行科学的整理、分类和管理，便于查找和浏览；也可以对那些因拍摄水平或环境因素影响，造成效果不佳的相片进行简单的编辑处理，就可以达到最好的表现效果。掌握现今流行的图形图像工具软件的使用，不仅可以让我们在工作中起到事半功倍的作用，也可以在工作之外陶冶我们的情操，激发对美好生活的向往。

任务一　图片浏览工具——ACDSee

ACDSystems 是全球图像管理和技术图像软件的先驱公司，成立于 1989 年，提供 ACD 品牌的各类产品。ACDSee（奥视迪）是由 ACDSystems 开发的一款非常流行的数字图像处理软件，它被广泛应用于数字图片的获取、管理、浏览和优化。ACDSee 提供了良好的操作界面，简单人性化的操作方式，优质的快速图形解码方式，并支持丰富的图形格式，同时还具有强大的图形文件管理功能等。使用 ACDSee 可以从数码相机、扫描仪和智能手机等数码设备中导入图像，并进行组织和预览，实现图像的高效管理；它支持性强，当今主流的图像格式几乎都可以实现快速、高质量的打开和浏览，并能进行格式之间的转换；ACDSee 还提供了简单的视频编辑功能，不仅可以播放，也可以实现各种视频格式的转换。此外，ACDSee 还提供图像编辑模块，拥有红眼消除、图像修复、添加边框、图片裁剪、特殊效果、图像旋转和曝光调整等功能，实现图片的优化，并可以进行批量处理。

任务目标

1. 设置图片的分类，并对图片进行评级，实现快速查找和浏览图片的目的。
2. 对图片进行修复和优化，并添加文本和特殊效果。

任务描述

小刘是诚信公司的办公室文员，处理办公室日常事务是她的主要工作。同时，她还要负责公司对外的宣传工作。因此，公司大大小小的会议和活动她都要参加，并拍照留作资料。因此，她必须学会科学的管理和分类相片，并对那些拍摄效果不佳的相片进行优化。本任务用 ACDSee

Photo Manager 12 实施。

▌▌任务实施

1. 感受 ACDSee 的工作环境

1）启动 ACDSee 图像管理软件

ACDSee 的启动通常有两种方法。一种是执行"开始"命令，在出现的菜单中选择 ACDSee 的快捷方式"ACDSee Photo Manager 12"；另一种是双击桌面上的"ACDSee Photo Manager 12"软件的快捷图标。第一次启动 ACDSee，会出现快速入门指南窗口，可以根据需要阅读或关闭。

2）ACDSee 的界面组成

ACDSee 的主界面由 7 个部分组成。它们分别是标题栏、菜单栏、主工具栏、文件夹和与收藏夹窗格、预览窗格、文件列表区和整理窗格，如图 5-1-1 所示。

图 5-1-1　ACDSee 的界面

（1）标题栏：包含软件名称、窗口控制按钮（最小化、最大化/还原按钮和关闭按钮）。

（2）菜单栏：包含文件、编辑、查看、工具、帮助 5 个菜单和管理、视图、编辑、在线 4 个模式切换按钮。

（3）主工具栏：由前进、后退、导入、批处理、创建、幻灯放映和发送等按钮组成。

（4）文件夹和收藏夹窗格：以目录树的形式显示当前预览图像所在的位置。

（5）预览窗格：用来查看在文件列表区所选择的图像文件的放大缩略图。

（6）文件列表区：由文件的路径、搜索方式设置和图像文件的缩略图组成。

（7）整理窗格：显示选定图像文件的类别、评定的级别和自动类别等属性。

新版的 ACDSee 软件在菜单栏增加了管理、视图、编辑、在线 4 个模式之间的切换按钮，只需单击一次就可以在管理、视图、编辑、在线 4 个模式之间切换。管理模式用于导入、浏览、整理、比较、查找及发布相片；视图模式用于以任何缩放比例浏览相片并进行检查；编辑模式用精心分组同时又简单易用的编辑工具对图像进行调整、修复及优化；在线模式可以跟踪日益庞大的相集，对图片进行润色，为本就活色生香的图片再添魅力。

2. 导入、浏览图片

ACDSee 的图像导入是指将计算机外部的图像文件导入到计算机中，已经在计算机中的图像文件可以直接查找和浏览。在 ACDSee 的主工具栏中有"导入"按钮，单击该按钮可以看到图像导入的途径，主要有从相机或读卡器导入、从 CD/DVD 导入、从磁盘（可移动磁盘）导入、从扫描仪导入和从手机文件夹导入等。

（1）当选择导入图像文件的设备类型或源文件的路径后，会出现如图 5-1-2 所示的对话框。ACDSee 默认将设备或文件夹中的全部图像文件导入，但是可以在"查看方式"中选择按文件类型或日期导入；ACDSee 默认将图像文件导入到"C:\用户\Administrator\我的图片"中，用户可以单击"浏览"按钮更改导入的文件夹；同时，可以选择将导入的图像文件"放入子文件夹"，"备份到"指定位置，"重命名文件到"指定文件夹，甚至可以在图件文件导入后自动将源文件删除和进行管理设置。

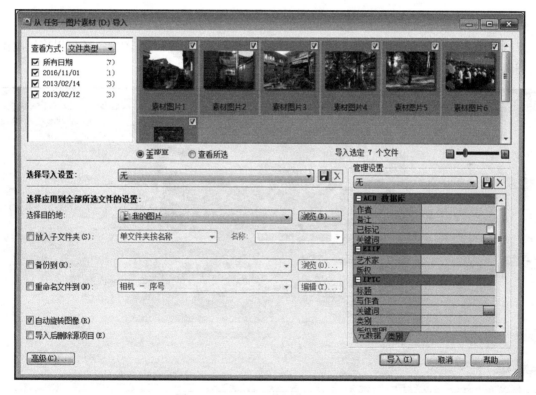

图 5-1-2　ACDSee 的图像导入对话框

（2）在 ACDSee 中浏览图像时，在编辑模式下只需在"文件夹和收藏夹窗格"中选择图像文件所在的文件夹，该文件夹中的全部图像文件就会显示在"文件列表区"，将鼠标指针悬停在某个图像文件上方，将会弹出一个放大版的缩略图，如图 5-1-3 所示。用户也可以单击主工具栏中的"幻灯放映"按钮，以幻灯片的方式浏览图像。

图 5-1-3　ACDSee 的放大版缩略图

　　双击图像文件，则直接切换到视图模式，可以以任何缩放比例浏览图像；还可以旋转图像、滚动图像、选择图像和全屏显示图像，如图 5-1-4 所示。

图 5-1-4　用视图模式浏览图像

3. 图像的分类和评级

　　在 ACDSee 中对图像进行分类和评级是为了更好地整理图像文件，能够快速地查找和浏览图像。

　　1）图像分类

　　（1）新建类别。在管理模式中执行"编辑"命令，在出现的菜单中选择"设置类别/新建类别"

选项，弹出如图 5-1-5 所示的"新建类别"对话框，在"新建类别"对话框中可以创建顶层类别或是在已有的类别中创建子类别。在这里选择创建顶层类别，输入类别的名称"集市"，并选择类别的图标，单击"确定"按钮，在整理窗格"类别"下就可以看到"集市"这个类别。用同样的方法，再创建一个名为"风景"的顶层类别。

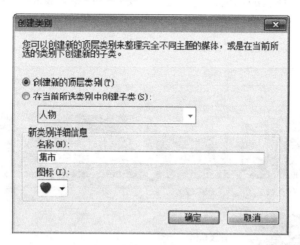

图 5-1-5 "新建类别"对话框

（2）设置图像的类别。在管理模式的文件列表区中选择要设置类别的图像文件并右击，在弹出的快捷菜单中选择"设置类别/类别"，就可以为图像文件设置类别。在这里为图片素材 1 和图片素材 6 设置"集市"类别，则在图片素材 1 和图片素材 6 的缩略图中就会出现已设置类别的标记。选择这两个文件，在整理窗格中可以看到它们所在的类别。如图 5-1-6 所示，没有设置类别的图像就不会有该标记。用同样的方法将图片素材 4、图片素材 5 和图片素材 7 的类别设置为"风景"。

图 5-1-6 类别标记

（3）删除图像类别。在整理窗格"类别"中右击相应的类别名称，从弹出的快捷菜单中选择"删除"命令，就可以将相应的类别删除，同时图像上的类别标记也将消失。

2）图像评级

ACDSee 为图像提供 5 个等级，用户可以为图像指定任意等级。

（1）设置图像的评级。在管理模式的文件列表区中选择要设置评级的图像文件并右击，在弹出的快捷菜单中选择"设置评级/级别"选项，就可以为图像文件设置评级。在这里为图片素材1、图片素材2和图片素材5设置"1级"的评级，则在图片素材1、图片素材2和图片素材5的缩略图中就会出现已设置评级的标记。选择这三个文件，在整理窗格中可以看到它们所评定的级别，如图 5-1-7 所示，没有设置评级的图像就不会有该标记。用同样的方法将图片素材 3、图片素材 4 和图片素材 7 的类别设置为"2级"的评级。

图 5-1-7　评级标记

（2）删除图像评级。在管理模式的"文件列表区"中选择要删除评级的图像文件并右击，在弹出的快捷菜单中选择"设置评级/清除评级"选项，就可以删除图像文件设置的评级。同时图像上的评级标记也将消失。

为图像设置好类别和评级后，在整理窗格中选择类别和评级，则在文件列表区只显示相应类别和评级的图像。

4. 图像的优化

ACDSee 的图像优化在编辑模式中进行，提供图像红眼消除、图像修复、添加文本、添加边框、添加晕影、图片裁剪、特殊效果、图像旋转、曝光调整和调整白平衡等功能，实现图片的优化。

在管理模式中选择要优化的图像，然后单击主工具栏中的"编辑"按钮，可以进入编辑模式对图像进行优化；也可以直接单击主工具栏中的"编辑"模式按钮，进入编辑模式，然后在窗口下方的图像列表栏中选择要编辑的图像。在这里在管理模式中选择图片素材 7，单击主工具栏中的"编辑"模式按钮，进入编辑模式优化图像，如图 5-1-8 所示。

1）为图像添加特殊效果

在编辑模式窗口在侧的编辑工具窗格中选择"添加-特殊效果"选项，特殊效果有艺术效果、颜色、扭曲、边缘、自然和绘画等效果，用户也可以自定义特殊效果。在效果预览窗口中，可以看到图像应用所有特殊效果的缩略图。在这里的效果预览窗口中选择"水面"特殊效果，就可以得到如图 5-1-9 所示的效果。此时，在编辑工具窗格中可以对"水面"特殊效果的位置、振幅、波长、透视和光线进行调整，在调整的同时可以实时看到特效的变化。本例采用默认效果，不进行调整，单击"完成"按钮，返回编辑工具界面。

图 5-1-8 编辑模式

图 5-1-9 "水面"特效

2）为图像添加晕影

在编辑模式窗口在侧的编辑工具窗格中选择"添加-晕影"选项，编辑工具窗格变成"晕影"的设置界面，如图 5-1-10 所示。"晕影"的设置主要包括晕影的水平位置、垂直位置、留下的空白区域、过渡区域的大小、拉伸以及晕影的形状和边框样式。本例采用默认效果，不进行调整，单击"完成"按钮，返回编辑工具界面。

图 5-1-10　"晕影"特效

3）为图像添加文本

在编辑模式窗口左侧的编辑工具窗格中选择"添加-文本"选项，编辑工具窗格变成"添加文本"的设置界面。如图 5-1-11 所示，在文本框中输入"映日荷花别样红"，选择字体为"方正舒体"，颜色为玫红，字号为"60"，不透明度为"100"；混合模式选择"标准"并选中"阴影"和"倾斜"复选框，选中文本并用鼠标拖动到适当的位置，单击"完成"按钮，返回到编辑工具界面。

图 5-1-11　添加文本

4）保存编辑效果

在编辑模式窗口左侧的下方有三个按钮："保存""完成"和"取消"。"保存"是保存和导出图像使用当前的更改应用；"完成"是保存更改并退出；"取消"是退出并不保存更改。

知识拓展

ACDSee 在图像的管理中有一个非常重要的功能——批处理。它被安排在管理模式窗口的主工具栏中。单击"批处理"按钮，可以选择批量设置信息、批量转换文件格式、批量旋转/翻转、批量调整大小、批量调整曝光、批量调整时间标记和批量重命名。要进行批量处理时，需要先在文件列表区中选择文件，才能进行处理。

在管理模式整理窗格中的自动类别是根据导入的图像的信息自动获取的。主要有 ISO 速率、光圈、焦距、快门速度、图像类型和文件大小等，甚至还可以自动获取白平衡、相机厂商和相机型号等信息。

实战演练

启动 ACDSee 软件，将 ACDSee 图片素材文件夹中的 7 张图片全部导入。在管理模式中选择图片素材 5 进行浏览，并进入编辑模式。图片素材 5 在拍摄时光线过强，将其曝光调整到-25，对比度调整到 10；为图片添加特殊效果"水面"，并调整其水面的位置为 30；给图片添加文字"相映成趣"，并设置文字的字体、字号、颜色，选择混合模式及文字特效，调整文字的位置，效果如图 5-1-12 所示。

图 5-1-12　相映成趣

任务二　屏幕捕捉工具——SnagIt

SnagIt（屏幕截图）是一个非常精致且功能强大的屏幕、文本和视频捕获与转换工具。它不仅可以捕获 Windows 屏幕和 DOS 屏幕，捕获 RM 电影和游戏画面，还可以捕获菜单、窗口、客户区窗口、当前窗口和用鼠标定义的区域，并且能实现滚屏截图。被捕获的图像可被保存为常见

PNG、JPG、BMP、TIF、GIF 和 ICO 等图像格式，还可以导出 SWF、PDF 和 MHT 等格式。SnagIt 在捕获图像时可以选择颜色模式、颜色替换、图像缩放和边缘效果，还可以选择是否包括光标，添加水印等效果。此外，在保存捕获的图像前，可以用 SnagIt 自带的编辑器编辑捕获的图像，并选择将其分享至 SnagIt 打印机、Windows 剪贴板中或直接用 E-mail 发送，还可以用 SnagIt 的插件管理（Manager Accessories）与第三方应用软件无缝集成，如 MS Office（Word/Excel/PowerPoint）、Screencast.com、Camtasia Studio、Google Drive 等。总之，今天的 SnagIt，已经不是简单的截图工具，它已成为一款集截图、编辑、管理功能于一身的综合型图像工具。

▌▌ 任务目标

1. 捕捉 Windows 窗口部件和 DOS 窗口。
2. 捕捉屏幕文字和视频。
3. 使用 SnagIt 自带的编辑器对捕捉对象进行编辑。

▌▌ 任务描述

诚信公司的办公室文员小刘最近接到领导交给的一项任务，要求她对公司内部其他部门的信息统计员进行培训，以提高他们信息处理水平。小刘决定专门为此次培训制作一个多媒体课件，但在实施过程中小刘遇到很多难题。其中之一就是培训中需要用到的许多图片、文字和视频在互联网上有现成的，但不提供复制和下载，自己制作又要花大量的时间和精力。于是小刘决定使用屏幕捕捉软件 SnagIt 捕捉网页中的图像、文字和视频。本任务用 SnagIt11 实施。

▌▌ 任务实施

1. 感受 SnagIt 的工作环境

1）启动 SnagIt 软件

安装屏幕捕捉工具 SnagIt 后，Windows 桌面上一般出现两个快捷图标：SnagIt 和 SnagIt Editor。SnagIt 是捕捉工具，SnagIt Editor 是 SnagIt11 自带的编辑工具。使用 SnagIt 捕捉对象后，会自动导入到 SnagIt Editor 中进行编辑。

SnagIt 的启动方法通常有两种。一种是执行"开始"→"所有程序"→"TechSmith"→"SnagIt"命令；另一种是双击桌面上的"SnagIt"软件的快捷图标。

2）SnagIt 的界面组成

新版的 SnagIt 启动后，默认在 Windows 桌面上方出现一个悬浮图标，如图 5-2-1 所示，这个图标由多个按钮组成，可以让用户快速使用 SnagIt，并且该图标是可以移动的。单击"打开经典捕获窗口"按钮，可以打开如图 5-2-2 所示的经典捕获窗口。

SnagIt 的经典捕获窗口由标题栏、菜单栏、快速启动窗格、配置文件窗格和配置设置窗格组成。

（1）标题栏：显示软件名称。

（2）菜单栏：由文件、捕获、视图、工具和帮助 5 个菜单组成。

（3）快速启动窗格：可以快速打开 SnagIt 编辑窗口、关闭或打开一键模式（即悬浮图标）以及获取更多配置文件。

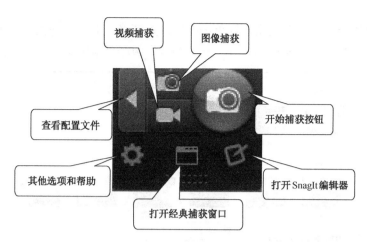

图 5-2-1 SnagIt 的悬浮图标

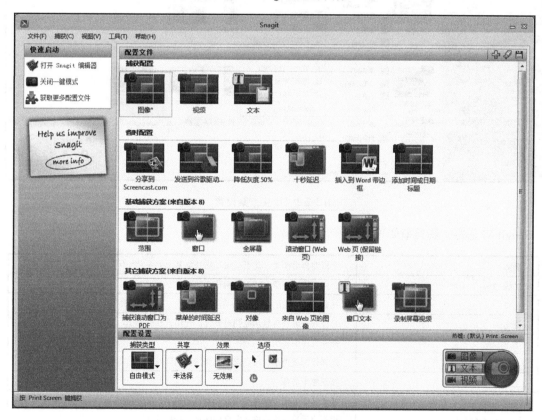

图 5-2-2 SnagIt 的经典捕获窗口

配置文件窗格：由"捕获配置""省时配置""基础捕获方案"和"其他捕获方案"组成。

配置设置窗格：由"捕获类型""共享""效果""选项"及"开始捕获按钮"组成。

SnagIt 这样的界面布局，可以让用户不必使用菜单选择捕获方案，而是在配置文件窗格中直接选择捕获方案，在配置设置窗格中对捕获方案进行详细设置，实现最佳的捕获效果。

2．捕获 360 安全卫士的主界面

SnagIt 在捕获图像时提供捕获图像、视频和文本等多种方案，需要根据要捕获的对象进行选择，并对所选方案进行设置。例如，在这里选择捕获配置方案为"图像"，其默认的捕获类型为

"自由模式"，如果需要更改捕获类型，则单击配置设置窗格中的"捕获类型"下拉按钮，在弹出的菜单中选择捕获的类型，如图 5-2-3 所示，在"高级"级联菜单中还有更多的捕获类型供选择。

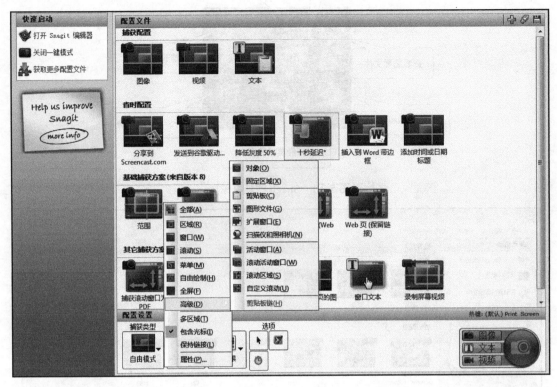

图 5-2-3　捕获方案设置

SnagIt 常见的捕获类型如下。

全部	全部即自由模式。此类型可以捕获屏幕上的各种部件
区域	由用户选定任意区域进行捕获
窗口	捕获用户选定的窗口
滚动	当捕获一屏没有显示完的对象时，使用该捕获类型
菜单	捕获程序中多级菜单为图像
自由绘制	选择该捕获类型，可以自由绘制捕获的区域
全屏	捕获整个屏幕
对象（高级）	捕获选定窗口中的某个部件。如开始菜单、工具栏等
固定区域（高级）	根据事先设定好高度和宽度的区域进行捕获
剪贴板（高级）	将剪贴板中的内容捕获为图像
扩展窗口（高级）	可对已捕获图像的高度和宽度进行重新设置
活动窗口（高级）	捕获当前窗口
扫描仪及数码相机（高级）	对连接到计算机的扫描仪或数码相机中的图像进行捕获

1）启动 360 安全卫士

SnagIt 捕获图像时，需要先启动程序。比如要捕获 Word 的字体设置对话框，需要打开字体设置对话框，再进行捕获。本任务是要捕获 360 安全卫士主界面，就需要启动 360 安全卫士，即双击桌面上的 360 安全卫士的快捷图标启动程序。

2）捕捉 360 安全卫士的主界面

单击 SnagIt 浮动图标中的"打开经典捕获窗口"按钮，在配置文件窗格中选择捕获配置 "图像"方案，然后在配置设置窗格中选择捕获类型"窗口"，单击"开始捕获"按钮，如图 5-2-4 所示，SnagIt 软件会自动隐藏，同时鼠标指针变成手形，当手形指到屏幕中的部件时，该部件会被流动的虚线环绕，其他部分则变为灰色，此时单击鼠标左键，就可以将流动的虚线环绕的对象捕获，并自动导入 SnagIt 自带的编辑器中进行编辑，如图 5-2-5 所示。

图 5-2-4　捕获 360 安全卫士的主界面

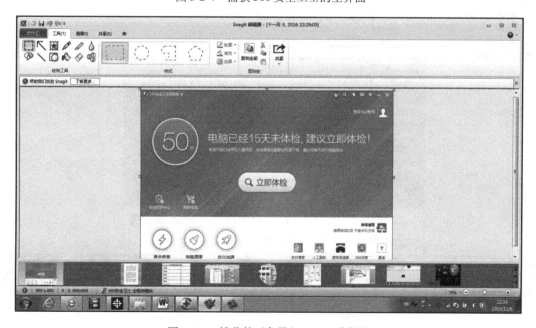

图 5-2-5　捕获的对象导入 SnagIt 编辑器

3. 编辑捕捉的图像

SnagIt 默认设置是将捕获的对象自动导入到 SnagIt Editor 中进行编辑。在捕获窗口配置设置窗格中的"共享"中可以取消该功能，但前提是必须选择一种共享方式。

SnagIt 的编辑器 SnagIt Editor 由标题栏、选项卡、功能组、编辑区和最近捕获图像列表区组成。

"文件"选项卡以菜单的形式展示，主要有新建、打开、保存和打印等功能。

"工具"选项卡由绘制工具、样式、剪贴板和共享四个功能组组成。当在绘制工具组中选定某个绘制工具后，样式组中会出现与绘制工具对应的样式，并且样式还可以编辑。

"图像"选项卡由画布、图像样式和修改三个功能组组成。在画面组提供裁剪、剪切、修剪、旋转和调整大小等功能；图像样式组提供图像的各种边框和边缘效果；修改组提供灰度、水印及变焦和放大等功能。

"共享"选项卡由输出、输出插件和下载三个功能组组成。

"库"选项卡用于管理图像。单击"库"选项卡，将显示所有捕获对象的缩略图，还可以为图像添加标注，便于查找和浏览，甚至可以按被捕获对象来自的应用程序进行查找和浏览。

1）为捕获的 360 安全卫士主界面添加标注

（1）在编辑窗口中单击"工具"选项卡，从"绘制工具"组中选择标注；在"样式"组选择标注样式。

（2）将鼠标指针移到图像上，用拖动的方法画出标注，输入标注的文字"功能选择区"。

（3）设置文本的字体、字形、字号、颜色和对齐方式等。

（4）调整标注的大小、位置、轮廓、填充及效果，如图 5-2-6 所示。

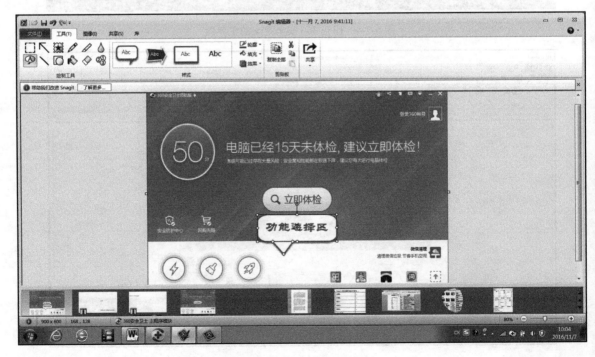

图 5-2-6　添加标注

2）为捕获的 360 安全卫士主界面添加撕边的边缘效果

（1）在编辑窗口中单击"图像"选项卡，从"图像样式"组中选择撕边效果。

（2）单击"边缘"按钮，在弹出的"撕裂边缘"对话框中设置撕裂边缘的样式、阴影和轮廓，并单击"确定"按钮应用，如图 5-2-7 所示。

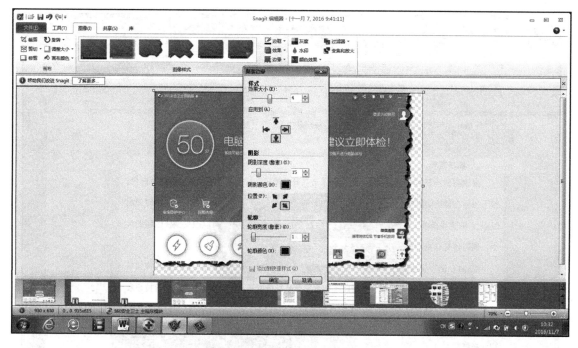

图 5-2-7　设置撕裂边缘效果

3）保存编辑的效果并分享至剪贴板

（1）在编辑窗口中单击"文件"选项卡，选择"保存"命令。

（2）在"另存为"对话框中输入保存的文件名，选择文件保存的路径和类型。

（3）单击"保存"按钮进行保存。

若只是临时使用，就不必保存文件，以免占用磁盘空间。方法是单击"共享"选项卡，将其输出到剪贴板中，在其他程序中粘贴使用或是直接输出到插件中使用。

4．捕捉视频

SnagIt 除捕获窗口、对象和网页外，还可以捕获视频，并保存为 MP4 等视频格式，方便用户获取视频。

1）配置视频捕获方案

单击 SnagIt 浮动图标中的"打开经典捕获窗口"按钮，在配置文件窗格中选择捕获配置"视频"方案，然后在配置设置窗格中选择捕获类型为"自由模式（全部）"，共享选择"未选择"，效果选择"无效果"。需要说明的是视频的捕获类型除自由模式（全部）以外，还有窗口、区域和固定区域三种。无论使用哪一种捕获类型，在开始捕获前都可以调整捕获区域的大小和位置，能够得到更精准的视频。

2）捕获视频

播放需要捕获的视频，在播放的同时单击"开始捕获"按钮，可见捕获的区域为白色；按下鼠标左键并拖动，可以选择捕获区域；选择的区域会被黄色胶片边框围绕，同时弹出 SnagIt 的视频捕获工具栏，如图 5-2-8 所示。调整黄色胶片边框，可以改变捕获区域的大小，同时还可以拖动捕获区域改变捕获的位置。

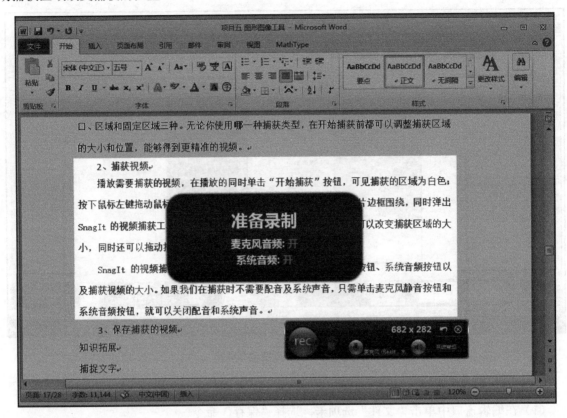

图 5-2-8 捕获视频设置

SnagIt 的视频捕获工具栏由录制按钮、停止按钮、麦克风静音按钮、系统音频按钮以及捕获视频的大小组成。单击录制按钮开始录制，单击停止按钮停止录制，并导入到编辑器中预览。如果在捕获时不需要配音及系统声音，只需单击麦克风静音按钮和系统音频按钮，就可以关闭配音和系统声音。

3）保存捕获的视频

捕获的视频导入到编辑器中预览，如果满足用户的需要，就可以进行保存。单击"文件"选项卡，选择"保存"命令；在"保存"对话框中选择保存路径和保存类型，并输入文件名；单击"保存"按钮进行保存。

▌ 知识拓展

文本捕获是 SnagIt 非常重要的功能。SnagIt 既能捕获窗口中的文本，也能捕获选定区域的文本，它还能捕获滚动窗口的文本。捕获的文本可以在编辑器中预览，也可以分享到剪贴板中，在其他程序中粘贴使用。

如果要捕获选定区域的文本，则单击 SnagIt 浮动图标中的"打开经典捕获窗口"按钮，在配置文件窗格中选择捕获配置 "文本"方案，然后在配置设置窗格中选择捕获类型为"自由模式（全部）"，共享选择"剪贴板"和"在编辑器预览"，效果选择"空间格式化"。单击"开始捕获"按钮，SnagIt 自动隐藏，同时可以用鼠标拖选要捕获文本的区域；选定捕获区域后，松开鼠标就可以将选定区域文本捕获，并分享到剪贴板和在编辑器中预览。

实战演练

1. 捕获 QQ 登录界面

（1）捕获 QQ 登录界面

双击桌面 QQ 快捷图标，启动 QQ 软件；双击桌面上的 SnagIt 快捷图标，启动屏幕捕捉工具 SnagIt。在 SnagIt 的悬浮图标中单击"图像捕获"按钮，然后再单击"开始捕获"按钮捕获 QQ 登录界面。

（2）编辑捕获的图像

将捕获的 QQ 登录界面导入到 SnagIt 的编辑器中预览和编辑。使用"工具"选项卡中的绘制工具，在捕获的 QQ 登录界面"密码"处添加一个小图标用于强调密码的重要性，效果如图 5-2-9 所示。

图 5-2-9　捕获 QQ 登录界面

2. 捕获视频

（1）启动屏幕捕捉工具 SnagIt；使用百度搜索央视公益广告《FAMILY》视频，并开始播放。

（2）在 SnagIt 的悬浮图标中单击"视频捕获"按钮，然后再单击"开始捕获"按钮；拖动鼠标选择捕获区域，松开鼠标，选择区域会被黄色胶片边框环绕；可以拖动选择区域的边框，调整区域的大小。单击 SnagIt 的视频捕获工具栏中的"录制"按钮开始录制，单击"停止"按钮停止录制，并导入到编辑器中预览、编辑和保存，效果如图 5-2-10 所示。

图 5-2-10　捕获公益广告《FAMILY》视频

任务三　图片编辑工具——"美图秀秀"

　　"美图秀秀"是一款好用且非常流行的免费图片处理软件，它由美图网研发推出，分为计算机版、Android 版、iPhone 版和 Mac 版。美图秀秀界面直观，操作简单。它独有的图片特效、美容、饰品、边框、场景、拼图等功能，可以让用户在很短的时间里轻松、快捷地制作出满意的图片，堪比影楼级照片！还能超级简单的一键生成闪图，制作个性 QQ 头像，能随心所欲打出闪字，满足用户不同时候的需求。

　　"美图秀秀"可以打开的图片格式主要有 JPG、BMP、GIF 和 PNG 格式。图片处理完毕，可以保存的格式有 JPG、BMP 和 PNG 格式，并可以一键分享到 QQ 空间、微博和人人网相册中，及时与好友分享生活中的美好。

▌▌ 任务目标

　　1．给图片加上特效，实现特殊的效果。

　　2．给图片添加符合意境的文字，让图片增色。

　　3．对图片中的人物进行美容，让 MM 容光焕发。

▌▌ 任务描述

　　诚信公司的办公室文员小刘在工作之余喜欢玩自拍。有些拍摄的相片因光线的问题导致人物皮肤暗淡；也有些相片因拍摄时间太长，记不清拍摄的目的和意义。于是小刘决定学习美图秀秀的使用方法，把自己童年时代的相片用"美图秀秀"进行处理，主要为相片添加饰品和文字，进行特效处理，做成一张怀旧的、有趣的老相片，并分享到微博。本任务用美图秀秀 4.0 实施。

▌▌任务实施

1. 感受"美图秀秀"软件的工作环境

1）启动"美图秀秀"软件

"美图秀秀"的启动通常有两种方法。一种是执行"开始"→"所有程序"→"美图"→"美图秀秀"命令；另一种是双击桌面上的"美图秀秀"软件的快捷图标。

2）"美图秀秀"界面组成

（1）"美图秀秀"的欢迎界面

当启动"美图秀秀"时，首先看到如图 5-3-1 所示的欢迎界面。它类似于一个对话框，由下方的欢迎首页、新手帮助和关注我们三个选项卡及右侧的推荐功能组成。

图 5-3-1　美图秀秀的欢迎界面

欢迎首页：将美图秀秀常用的四个功能以按钮的形式排列在中间，方便选择，其中使用"批量处理"功能需下载安装"美图秀秀批处理"软件。也可以在窗口上方排列的选项卡中选择美图秀秀的功能。如果安装了摄像头，可以用摄像头拍照并导入相册。

新手帮助：用于介绍美图秀秀软件的基本功能和操作。

关注我们：用于进入和关注美图秀秀软件的社交平台。

推荐功能：用于推荐美图秀秀的其他功能和提供美图网系列软件的下载链接。

（2）"美图秀秀"的操作界面

当选择要使用的功能后，如选择"美化图片"选项，就可以看到如图 5-3-2 所示的美图秀秀软件的图片导入界面。

在开始使用美图秀秀之前，需要打开或导入要处理的图片。单击界面中间的"打开一张图片"按钮，就可以打开或导入需要处理的图片，近期打开过的图片可以直接从"近期打开图片"

列表中打开。在这里打开美图秀秀提供的示例图片_03.jpg，就可以看到如图 5-3-3 所示的操作
界面。

图 5-3-2　美图秀秀的图片导入界面

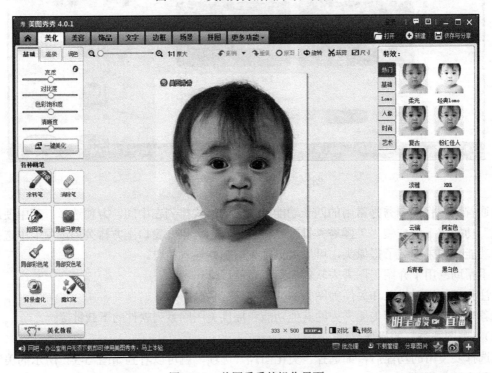

图 5-3-3　美图秀秀的操作界面

美图秀秀整个操作界面非常简洁，其直观生动的展示可以让用户马上就看到这一款软件的图

片处理效果和掌握操作的方法。

"美图秀秀"操作界面的左侧列出相应选项卡的具体功能，中间部分则是图片处理、编辑和预览区，右侧列出部分特效的预览。

标题栏：包含软件名称、登录、提意见、菜单和窗口控制按钮。

工具栏：由撤销、重做、原图、旋转、裁剪、尺寸、打开、新建和保存与分享 9 个按钮组成。

标签栏：包含美化、美容、饰品、文字、边框、场景、拼图和更多功能 8 个功能选项卡，每个选项卡对应若干相应的美图功能。

2．为图片添加饰品

（1）单击标签栏中的"饰品"标签，在操作界面左侧选择"静态饰品-配饰-帽子"，在操作界面右侧的配饰分类展示区中单击相应的帽子，所选择的帽子就会出现在图片中，如图 5-3-4 所示。

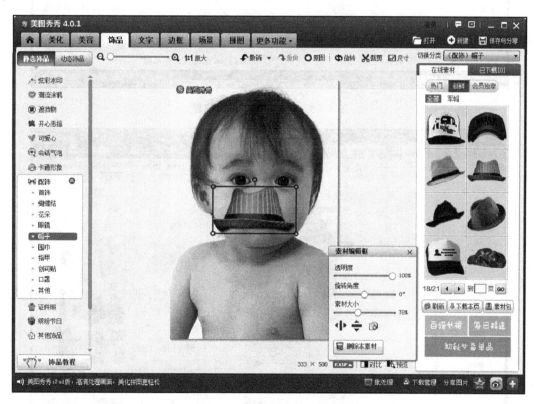

图 5-3-4 为图片添加"配饰-帽子"

（2）通过拖动、边框缩放和旋转等操作调整帽子的位置、大小和角度，并移动到恰当的位置，使帽子与人物更好地融合，如图 5-3-5 所示。

（3）单击标签栏中的"饰品"标签，在操作界面左侧选择"静态饰品-配饰-围巾"，在操作界面右侧的配饰分类展示区中选择相应的围巾，所选择的围巾就会出现在图片中，如图 5-3-6 所示。

（4）通过拖动、边框缩放和旋转等操作调整围巾的位置、大小和角度，并移动到恰当的位置，使围巾更好地与人物融合，如图 5-3-7 所示。

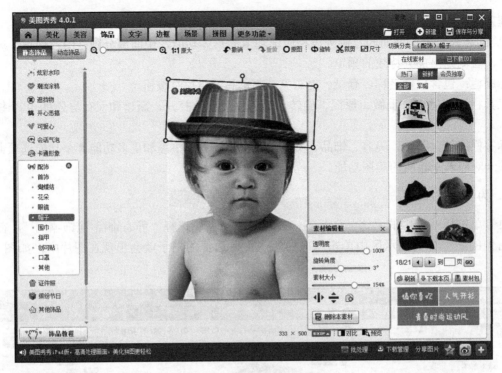

图 5-3-5 调整"帽子"的位置

图 5-3-6 为图片添加"配饰-围巾"

（5）右击任意饰品，在弹出的快捷菜单中选择"删除"命令，可以删除饰品；选择"全部合并"命令，可以将全部饰品与图片合并成一张图片。

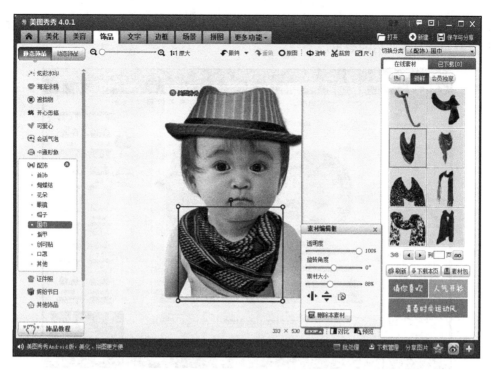

图 5-3-7　调整"围巾"的位置

3. 制作怀旧复古的影楼特效

单击标签栏中的"美化"标签，在操作界面的右侧"特效"展示区单击"Lomo"特效，在列出的特效效果中选择"回忆"效果，就将"回忆"特效应用到图片中，如图 5-3-8 所示。

图 5-3-8　添加"回忆"特效的效果

可以将美图前与美图后进行比较。单击编辑界面右下角的"对比"按钮，可以对比美图前后的效果，如图 5-3-9 所示。再次单击"对比"按钮，可以取消对比。单击编辑界面右下角的"预览"按钮，只是预览美图后的效果。

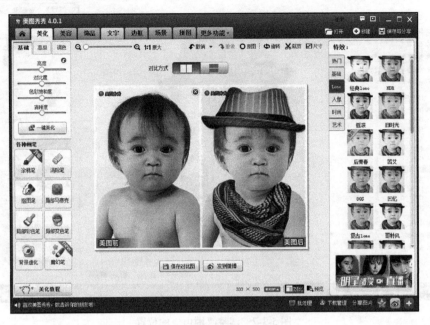

图 5-3-9　美图前后效果对比

4．为图片添加文字

1）输入文字

单击标签栏中的"文字"标签，在操作界面左侧选择 "输入文字"选项，弹出文字编辑框，在文字编辑框中输入文字"童年的记忆"。

2）设置文字属性

如图 5-3-10 所示，在文字编辑框中选择网络字体"方正喵呜体"，字号为"45"，颜色为红色；单击"高级设置"按钮，选中"阴影"复选框。

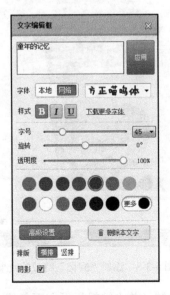

图 5-3-10　设置文字属性

3）调整文字位置

将文字拖到适当的位置。单击"预览"按钮，可以查看效果；单击"对比"按钮，可以对比原图与效果图，如图 5-3-11 所示。

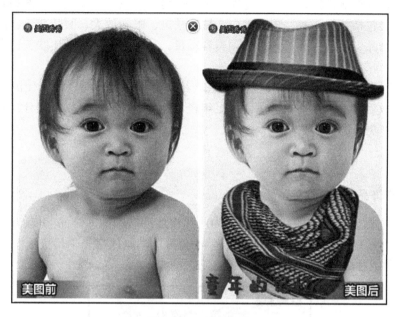

图 5-3-11　效果比较

5．保存图片

在工具栏上单击"保存与分享"按钮，弹出如图 5-3-12 所示的"保存与分享"对话框，在"保存与分享"对话框中选择保存的位置和格式，输入图片保存的名称，最后单击"保存"或"另存为"按钮，进行保存操作。同时可以将其分享到 QQ 空间、新浪微博和人人网相册。

图 5-3-12　"保存与分享"对话框

▌▌ 知识拓展

"美图秀秀"软件的美容功能主要是针对图片中的人物进行美化，使人像面部细节优化、美白润肤等美图操作变得非常简单。美图秀秀提供智能美容、美形、美肤、眼部和其他等红五类基本美容项目；主要包括瘦脸瘦身、皮肤美白、祛痘祛斑、眼睛放大、眼睛变色、消除黑眼圈、唇彩、染发、美容饰品、消除红眼等若干单项美容项目。其中智能美容、皮肤美白和磨皮提供自动美容功能。

"美图秀秀"还提供场景、拼图、九格切图、摇头娃娃和闪图的制作，使图片的合成操作变得简单容易，合成后的图片生动、活泼，满足年轻人个性的需要，可以一键分享到各大社区，并且美图网每天都在更新海量的素材。

▌▌ 实战演练

1. 应用动态饰品与动闪文字

打开美图秀秀提供的示例图片_03.jpg。为图片添加动态饰品（饰品-动态饰品-配饰-首饰-皇冠）、动态卡通形象（饰品-动态饰品-卡通形象-小兔）和动画闪字"生日快乐"（文字-动画闪字-爆闪文字），并保存为 GIF 动画，效果如图 5-3-13 所示。

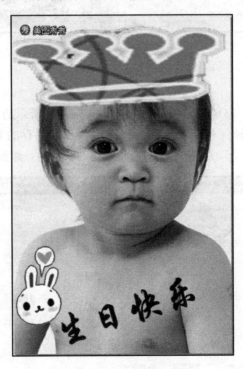

图 5-3-13　GIF 动画效果

2. 打造海底美女

打开"美图秀秀"提供的示例图片_01.jpg。使用"美容"选项卡中的皮肤美白、磨皮祛痘等功能，优化图片中的人物面部；使用"美化"选项卡中"人像"特效中"粉嫩系"特效和"热门"特效中"阿宝色"特效，让人物变得容光焕发；在"边框"选项卡的"炫彩边框"中找到合适的光线素材和海底的蓝色素材边框。在"饰品"选项卡的"静态饰品-炫彩水印"中添加气泡素材；右击图片，在弹出的快捷菜单中选择"全部合并"命令将所有的素材合并；回到"美化"选项卡中，调整图片的色彩值直到满意为止，效果如图5-3-14所示。

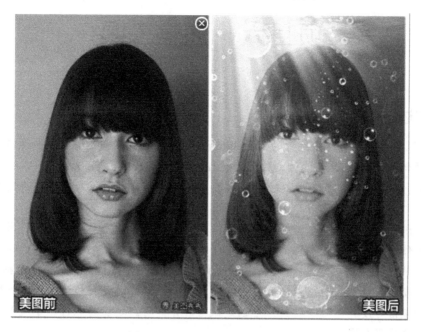

图 5-3-14　美图前、后效果对比

项目六 通信工具

项目描述

QQ 是腾讯公司推出的一款免费的基于 Internet 的即时通信软件（IM）。支持在线聊天、语音会话、视频通话、点对点断点续传文件、讨论组、远程桌面、共享文件、网络硬盘、自定义面板、QQ 邮箱等多种功能。通过对即时通信工具 QQ 的学习，能够掌握免费在线交流、视频面对面通话、传送文件、群聊及使用 QQ 电子邮箱的技能。

微信是腾讯公司推出的一个为智能终端提供即时通信服务的免费应用程序。微信支持跨通信运营商、跨操作系统平台通过手机网络快速发送免费（需消耗少量网络流量）语音短信、视频、图片和文字。同时，也可以使用通过共享流媒体内容的资料和基于位置的社交插件"摇一摇""漂流瓶""朋友圈""公众平台""语音记事本"等服务插件。通过对移动通信工具微信的学习，能够掌握添加微信好友并一对一聊天，会创建微信群并群聊。还能将照片、小视频、文字等内容分享或转发到微信朋友圈。

微信公众平台是腾讯公司在微信的基础上新增的功能模块。通过这一平台，个人和企业都可以打造一个微信的公众号，并实现和特定群体的文字、图片、语音的全方位沟通、互动。微信公众平台分订阅号和服务号、企业号三类平台。通过对微信功能模块公众平台的学习，能够关注公众号并查阅消息，更能打造一个订阅号，利用该订阅号群发功能推送消息与自己的粉丝圈用户进行交流互动。

任务一 即时通信工具——QQ

任务目标

1. 能获得 QQ 账号并添加好友。
2. 能和 QQ 好友在线交流、语音聊天、视频聊天。
3. 能创建 QQ 群、群设置并群聊。
4. 能给好友传送文件、使用 QQ 群共享文件。
5. 能使用 QQ 邮箱收发邮件。

任务描述

互联网给人们的生活带来翻天覆地的变化，网络逐渐演变为一种生活方式渗入到生活的方方面面。吕源记食品有限公司宣传部职员小吕因为产品宣传工作的需要，随时需跟同事进行即时聊天、交流产品图片、传送文件，发送宣传资料到其他部门。因此，QQ 是最适合的即时通信工具。本任务中，小吕将和大家一起利用 QQ 更方便快捷的生活和工作。

任务实施

1. 如何获得 QQ 账号

获得 QQ 账号的方法有很多种：（1）上 QQ 注册网站免费申请账号；（2）通过发送手机短信付费获得；（3）上淘宝网购买一个等级较高的 QQ 靓号。其中免费申请 QQ 账号，可以是普通的数字账号，可以使用手机号码注册，还可以使用邮箱账号注册。如今很多网站注册会员都可以使用手机号码进行注册，方便用户记录。本任务中只介绍使用手机号注册 QQ 的方法。

1）在网站上搜索 QQ 号免费申请页面

（1）双击桌面上的 Internet Explorer 图标 ，打开浏览器首页，在搜索框中输入"免费申请 qq 号"，单击"搜索一下"按钮或按下"Enter"键，进入搜索结果页，如图 6-1-1 所示。

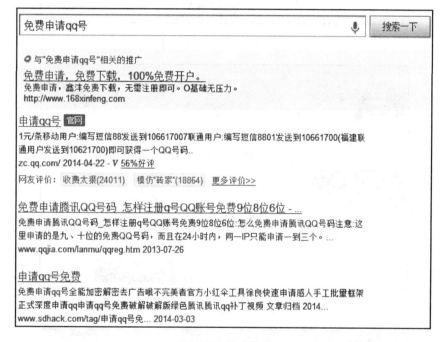

图 6-1-1　搜索结果

（2）在搜索结果页面中显示多条结果，根据链接下面的网址、编辑时间、"官网"标志等多个因素选择第二条结果。单击"申请 qq 号"官网的链接进入 QQ 注册页面。

2）让手机号变为 QQ 号

（1）在 QQ 注册页面单击"手机账号"链接，填写相应的用户信息，单击"立即注册"按钮，如图 6-1-2 所示。

（2）将手机号变成 QQ 号，需要发送短信到手机，验证该手机号的真实性，如图 6-1-3 所示。

（3）申请成功，获得手机账号，并且绑定 QQ 号码。用户可以使用手机号方便快捷地登录 QQ，而不用记住难记的普通数字账号，如图 6-1-4 所示。

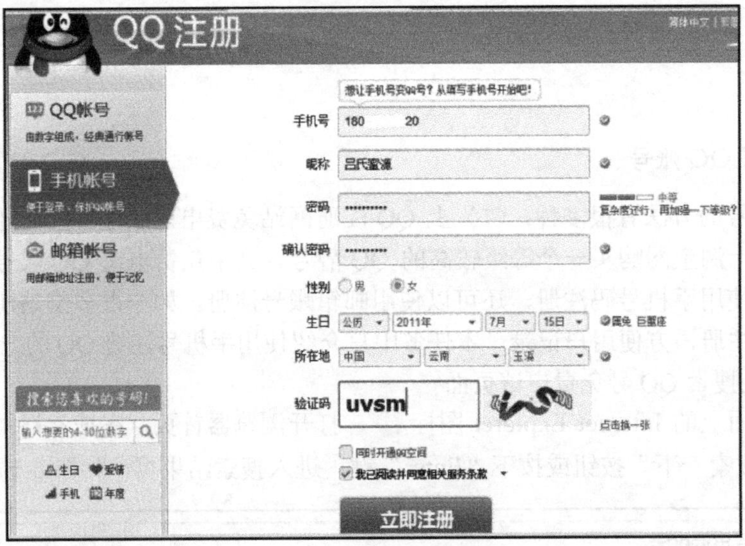

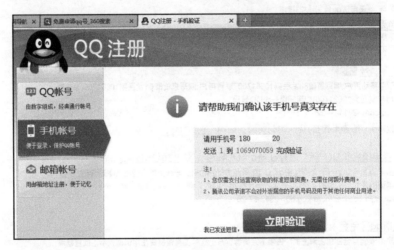

图 6-1-2　手机号变 QQ 号

图 6-1-3　验证手机号

图 6-1-4　获得手机账号

2. 登录 QQ 并添加 QQ 好友

（1）新注册的 QQ 第一次使用时，出现"新手引导"窗口，如图 6-1-5 所示。根据向导可以发送短信到绑定手机上，以便保存 QQ 号。

如果手机端已经登录 QQ，并且是第一次在计算机上登录 QQ。软件会提示需要用 QQ 手机版扫描二维码安全登录，如图 6-1-6 所示。

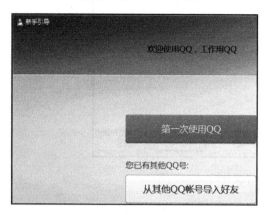

图 6-1-5　"新手引导"窗口

图 6-1-6　安全登录验证

（2）添加好友的操作方法如下：单击 QQ 界面下方的"查找"按钮，从弹出的对话框中选择"找人"选项卡，输入关键字（熟人的 QQ 号码），单击"查找"按钮。找到后单击"+好友"按钮，在弹出的对话框中输入验证信息，单击"下一步"按钮，如图 6-1-7 所示。

图 6-1-7　查找好友

（3）选择好友分组，单击"下一步"按钮。如果对方设置添加好友验证，则要等待对方确认即可添加好友，如图 6-1-8 所示。

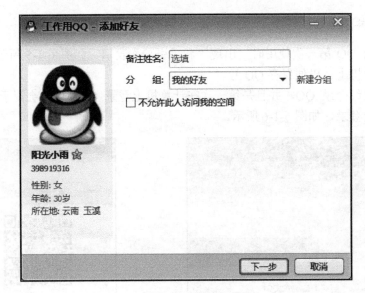

图 6-1-8　好友分组

3．QQ 在线聊天

1）文字聊天

登录 QQ 后，在"我的好友"组中，双击"小柳"头像，在弹出的对话框中输入内容单击
"发送"按钮，就可以和对方进行在线聊天。QQ 支持对输入的文字进行字体格式的设置。除了
文字之外，还可以使用 QQ 表情、VIP 魔法表情、发送图片等，丰富聊天内容，如图 6-1-9
所示。

图 6-1-9　在线聊天

2）语音聊天

QQ 语音聊天需要计算机连接麦克风或耳机。QQ 语音聊天分为语音消息和语音通话。语音消息以录音文件发送给对方，对方收听内容。录音最多可录制 60 秒。语音消息可用于聊天好友离线时的语音留言，如图 6-1-10 所示。

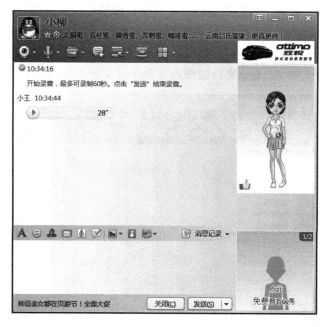

图 6-1-10　语音消息

语音通话支持向一人或多人发起"语音通话"邀请，对方接受邀请后，双方像电话通话一样实时聊天，只是消耗的是网络流量。语音通话需要聊天双方在线，如图 6-1-11 所示。

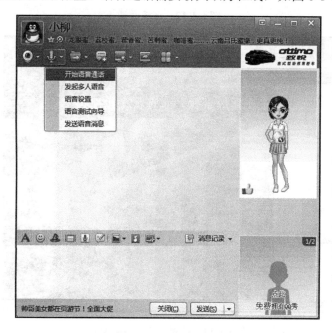

图 6-1-11　语音通话

3）视频聊天

QQ 支持视频聊天，为身处异地的朋友们搭建一个方便、便宜、快捷的聊天方式，让人与人之间的距离不再遥远。

QQ 视频聊天支持同时对一人或对多人群聊。只需单击 QQ 对话窗口中的"开始视频通话"按钮，即可向别人发起"视频通话"的邀请。对方接受邀请后，双方视频通话、实时聊天，省去输入文字的烦琐。视频通话同时传送声音和视频画面，会消耗更多的网络流量。网速的快慢会直接影响视频会话的质量，需要较好的上网环境。"发送视频留言"功能可以给离线的朋友发送视频留言文件，如图 6-1-12 所示。QQ 支持给对方播放影音文件，如图 6-1-13 所示。

图 6-1-12　视频通话

图 6-1-13　给对方播放影音文件

4．传送文件

有时候，在线聊天不一定能满足用户的需求，还需要传送文件给对方。发送的文件有三类：在线文件、离线文件、微云文件。微云文件保存在服务器中，当用户选择发送微云文件时，QQ将通过服务器进行秒传加速，重复利用带宽，提供传输速度。发送微云文件，选择存储在微云空间中的文件，如图6-1-14所示。

图 6-1-14　发送微云文件

当聊天双方同时在线时，发送在线文件，对方即刻接收文件。发送在线文件选择存储在本地计算机中的文件，如图6-1-15所示。

图 6-1-15　发送在线文件

使用 QQ 发送离线文件，无论好友是否在线，时刻想传就传。本功能主要支持向不在线的好友发送文件，发送方先将文件发送至 QQ 的服务器，好友下次登录 QQ 时就会收到 QQ 的提醒并可以立即进行下载，如图 6-1-16 所示。

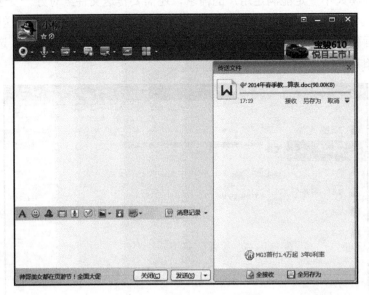

图 6-1-16　发送离线文件

5. QQ 群聊及其应用

QQ 群是腾讯公司推出的多人聊天交流服务，群主根据 QQ 等级创建容纳不同人数的 QQ 群。可邀请朋友或者有共同兴趣爱好的人到一个群里面聊天。

1）创建 QQ 群

（1）单击 QQ 群旁边的下拉按钮，在弹出的下拉列表中选择"创建一个群"选项，如图 6-1-17 所示。

（2）根据需求选择群类别为"品牌产品"，如图 6-1-18 所示。

图 6-1-17　创建 QQ 群

图 6-1-18　选择群类别

（3）填写品牌产品、群地点、群名称等群信息，如图 6-1-19 所示。

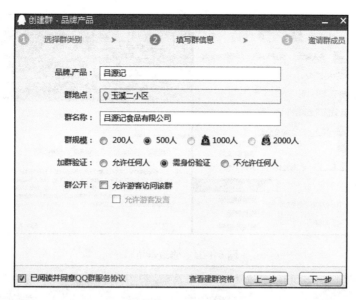

图 6-1-19 填写群信息

（4）邀请部分 QQ 好友成为群成员，单击"完成创建"按钮即可成功创建 QQ 群，如图 6-1-20 所示。

图 6-1-20 邀请群成员

（5）修改群资料

新创建的 QQ 群没有任何群资料，可以右击该群名称，在弹出的快捷菜单中选择"查看/修改群资料"选项，输入群标签、群介绍，单击"保存"按钮即可，如图 6-1-21 所示。

2）加入 QQ 群

单击 QQ 界面下方的"查找"按钮，从弹出的"查找"对话框中选择"找群"选项卡，输入群名称，单击"搜索"按钮。找到后单击"+加群"按钮，输入验证信息，然后单击"下一步"按钮，等待管理员验证，如图 6-1-22 和图 6-1-23 所示。

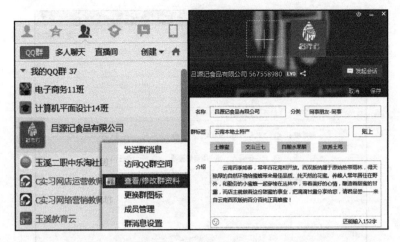

图 6-1-21　修改群资料

图 6-1-22　加入 QQ 群

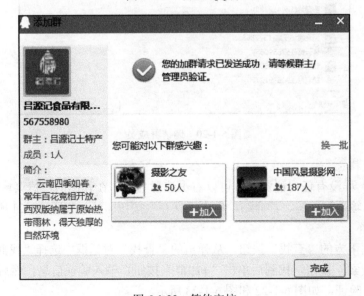

图 6-1-23　等待审核

3）QQ 群聊

在 QQ 群组里，单击 QQ 群"吕源记食品有限公司"，在打开的聊天窗口中实现多人同时在线聊天。一人发信，多人知道，如图 6-1-24 所示。

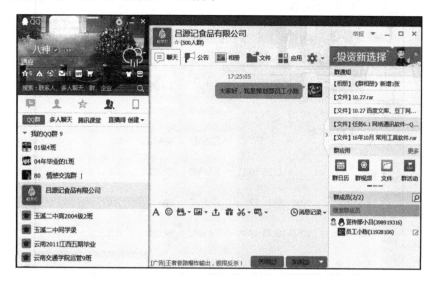

图 6-1-24　QQ 群聊

4）QQ 群应用

腾讯提供群应用服务。在群应用中心，用户可以使用包括群活动、文件、群视频、相册、分享群、QQ 电话等多种精品应用进行交流，如图 6-1-25 所示。

图 6-1-25　QQ 群应用

5）QQ 群共享文件

QQ 群成员上传各种文件到群空间里，供其他成员下载使用。上传者可以删除共享的文件。群共享的文件有文本、图片、音频、视频等多种类型。上传所需时间跟网速和上传文件的大小有关。在 QQ 群中共享的文件有永久保存和临时保存两种方式。目前所有 QQ 群永久保存文件空间大小都为 2GB。在群内上传文件的时候，默认永久保存文件。在群共享文件的窗口中，用户可以查看群共享的文件数量、"永久空间"有多大、剩余多少永久空间可以使用，如图 6-1-26 所示。

图 6-1-26　QQ 群共享文件

如何群共享文件？选择群聊窗口中的"文件"功能，单击"上传"按钮，在打开的"打开"对话框中选择需要共享的文件，单击"打开"按钮即可，如图 6-1-27 所示。

图 6-1-27　上传共享文件

6. 使用 QQ 邮箱

QQ 邮箱为亿万用户提供高效、稳定、便捷的电子邮件服务。用户可以在计算机网页、iOS/iPad 客户端及 Android 客户端使用它，通过邮件发送 3GB 的超大附件，体验贺卡、明信片、日历、文件中转站、附件收藏等更多应用。QQ 邮箱具有完善地邮件收发、通讯录等功能的同时，还与 QQ 紧密结合，直接点击 QQ 面板即可登录，省去输入账户名、密码的麻烦。新邮件到达随时提醒，可让用户及时收到并处理邮件。

　　用户登录 QQ 邮箱的方式有两种：①使用 QQ 号和密码直接登录 QQ 邮箱；②手机访问 mail.qq.com 或使用手机客户端可随时随地收发邮件。

　　1）开通邮箱

　　第一次使用时需要开通邮箱。在 QQ 主面板上方单击"QQ 邮箱"链接，便可以进入 QQ 邮箱，如图 6-1-28 所示。

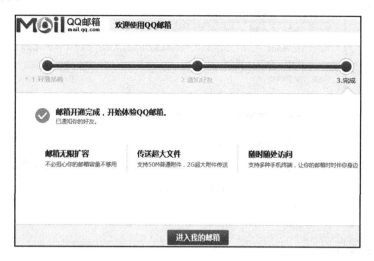

图 6-1-28　开通 QQ 邮箱

　　2）接收邮件

　　邮件有普通邮件、群邮件、贺卡、明星片、音视频邮件、QQ 邮件订阅等。QQ 邮件订阅有默认的订阅内容和用户自己订阅的一些栏目。单击"收件箱"或"群邮件"就可以查看邮件内容，如图 6-1-29 所示。

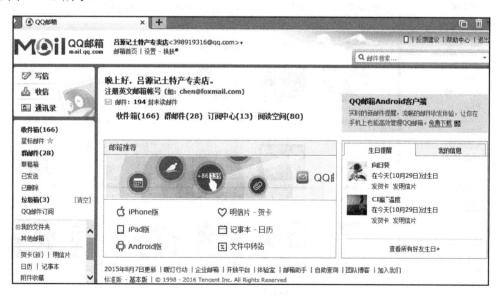

图 6-1-29　接收邮件

　　3）发送邮件

　　单击左上角的"写信"按钮，填写收件人地址、主题、正文内容，单击"发送"按钮即可发出。邮件可向多人群发。邮件附件单独保存用户的相关文档、表格、图片、音乐、视频等文件，在发邮件时一起连同信的正文发送给收信人。普通附件只能添加小于 50MB 的文件，超大附件可以向任何邮箱发送最大 3GB 的文件，如图 6-1-30 所示。

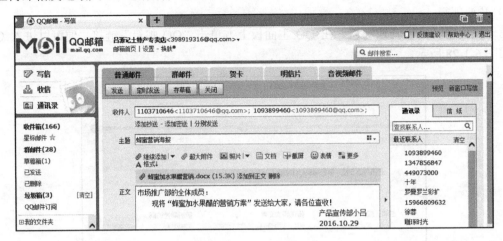

图 6-1-30　发送邮件

知识拓展

1. QQ 邮箱其他功能

QQ 邮箱还可以发送"群邮件""贺卡""明信片""音视频邮件"。节假日发送"贺卡"给亲朋好友可以增强情感交流，图 6-1-26 所示的是从邮箱发送贺卡。

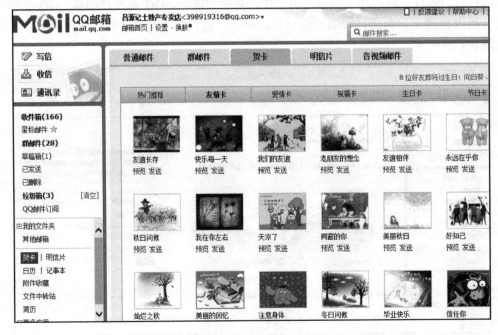

图 6-1-31　发送贺卡

2. 使用 QQ 微云

微云是腾讯公司为用户精心打造的一项智能云服务，用户可以通过微云方便地在手机和计算机之间，同步发送文件、推送照片和传输数据。支持 QQ 和微信一键快捷登录，文档在线预览。手机、计算机、PAD 多终端同步上传下载数据。微云会员享受最大 20GB 单个文件上传。

1）添加"微云"到 QQ 主面板

单击 QQ 主面板右下角的"应用管理器"按钮，打开 QQ 应用管理器，找到"微云"应用，并将其添加到 QQ 主面板，如图 6-1-32 所示。

图 6-1-32　QQ 应用管理器界面

2）单击"微云"应用，打开微云

微云按照目录树的方式分类别管理文件。文档、图片、网页、音乐、视频、QQ 离线文件等内容一网打尽。收藏在微云中的内容，计算机、手机、平板电脑随时随地便捷查看，方便用户收录生活中的点点滴滴，如图 6-1-33 所示。

图 6-1-33　腾讯微云

3）上传文件至微云

单击"微云"窗口左上角的"上传"按钮，选择"我的电脑"中的本地文件，单击"开始上传"即可将文件上传至微云，如图 6-1-34 所示。

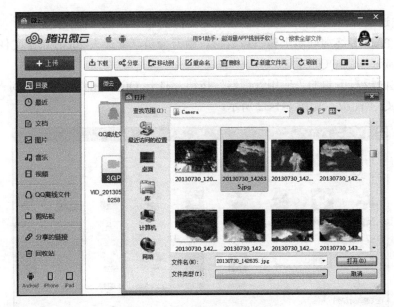

图 6-1-34 上传文件至微云

4）下载微云文件

使用"下载"按钮可以将微云中的文件另存到本地计算机中。用户可以将微云中的文件分享给 QQ 好友。还可以在微云中移动文件的存放位置，进行重命名、删除、新建等一系列操作，如图 6-1-35 所示。

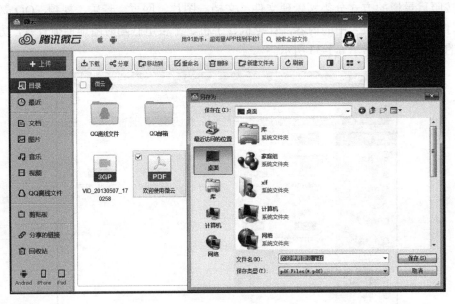

图 6-1-35 下载微云文件

实战演练

为便捷高效的学习本门课程，班长创建一个 QQ 学习交流群，全班同学使用该群即时交流学习内容，并在群空间里上传学习资料或学习任务成果。

任务二 移动通信工具——微信

任务目标

1. 会注册并登录微信账号。
2. 能添加微信朋友并对好友进行分类。
3. 能与朋友聊天并进行多人群聊。
4. 能使用朋友圈分享信息。

任务描述

微信，是一个生活方式。一个超过 8 亿人使用的手机应用。近几年，微商崛起并迅速发展。利用微信宣传产品已经成为比较流行的广告形式。 吕源记食品有限公司宣传部职员小吕负责产品宣传工作，更需要利用微信进行产品宣传或是生活乐趣的分享。本任务中，小吕将创建一个微信群用于工作的交流，业余时间也利用朋友圈分享公司的产品信息。

任务实施

1. 注册并登录微信账号

微信推荐使用手机号注册，并支持 100 余个国家的手机号。微信不可以通过 QQ 号直接登录注册或者通过邮箱账号注册。第一次使用 QQ 号登录时，是登录不了的，只能用手机注册绑定 QQ 号才能登录，微信会要求设置微信号和昵称。微信号是用户在微信中的唯一识别号，必须大于或等于六位，注册成功后允许修改一次。昵称是微信号的别名，允许多次更改。

1）注册微信账号

第一次使用微信，需用手机号码注册微信账号，按照提示填写昵称、选择国家或地区、手机号码、设置密码。单击"注册"按钮即可，如图 6-2-1 所示。注册过程需要发送验证码到绑定的手机上进行验证，如图 6-2-2 所示。

图 6-2-1　注册微信号

图 6-2-2　注册验证

2）登录微信

微信注册成功后，用户只需启动手机端微信应用，单击"登录"按钮即可，如图 6-2-3 所示。第一次使用微信，微信会主动访问用户的手机通讯录，帮助用户从手机通讯录中查找、推荐朋友，如图 6-2-4 所示。

图 6-2-3　登录微信

图 6-2-4　访问通讯录并推荐朋友

2．添加微信朋友并对朋友分类

1）添加朋友

添加朋友的方法有很多，常用方法有以下几种。

（1）第一次使用微信，用户从微信推荐的朋友中选择添加对方为微信朋友，也可以等待对方添加自己，如图 6-2-5 所示。

图 6-2-5　添加微信朋友

（2）单击微信通讯录右上角的"+"按钮，添加朋友。输入微信号/QQ 号/手机号，单击"搜索"按钮，即可添加新朋友，如图 6-2-6 所示。

图 6-2-6　搜索微信号添加朋友

（3）单击微信通讯录右上角的"+"按钮，添加朋友。选择添加手机联系人即可添加或邀请通讯录中的朋友为微信朋友，如图 6-2-7 所示。

图 6-2-7　添加手机联系人

（4）单击微信通讯录右上角的"+"按钮，选择"扫一扫"选项。将手机摄像头对准好友的二维码名片，"扫一扫"功能即可识别出对方详细资料，添加到通讯录，如图 6-2-8 所示。

此外还可以通过雷达加朋友、摇一摇、附近的人、漂流瓶接受好友等方式添加微信朋友。选择微信主界面中的"通讯录"选项，可以查看微信所有的朋友，如图 6-2-9 所示。

图 6-2-8 "扫一扫"添加朋友   图 6-2-9 微信好友

2）对微信朋友进行分类

（1）为了方便用户识别，可以将好友的昵称更改备注名，如图 6-2-10 所示。

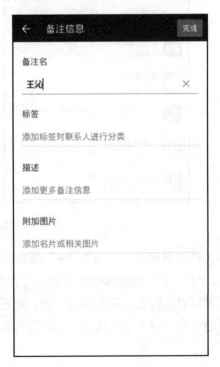

图 6-2-10 更改备注信息

（2）通过添加标签对联系人进行分类，便于朋友圈分享消息时"谁可以看"的范围设置，如图 6-2-11 所示。

图 6-2-11　对微信联系人进行分类

（3）对微信朋友设置朋友圈权限，可以不让对方看自己发的照片或是不看对方在朋友圈发的照片，如图 6-2-12 所示。

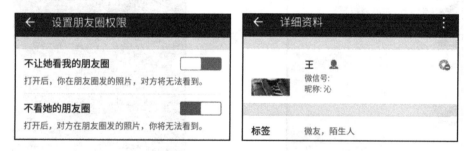

图 6-2-12　设置朋友圈权限

3．与微信朋友聊天，建立群聊

微信聊天支持发送语音短信、视频、图片（包括表情）和文字，是一种移动聊天软件，支持多人群聊。

1）一对一微信聊天

在通讯录里选择朋友"波澜不惊"，发消息（文字、表情、图片），即可实现微信聊天，如图 6-2-13 所示。

2）语音聊天

语音聊天省去输入文字的烦琐，可以直接长按"按住说话"按钮，说完内容后松开手指即可实现语音聊天，如图 6-2-14 所示。

3）视频聊天

微信中还可以对好友发起视频聊天，如图 6-2-15 所示。

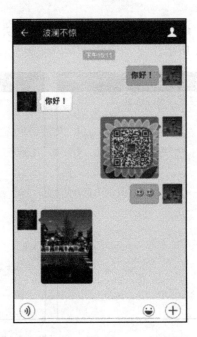

图 6-2-13　微信好友聊天

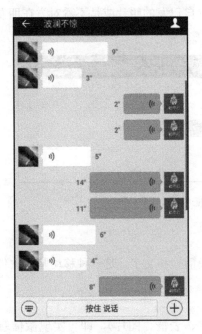

图 6-2-14　发起语音聊天

图 6-2-15　发起视频聊天

4）给朋友发送小视频

在聊天窗口单击"⊕"按钮，在出现的列表中选择"小视频"选项按住拍几秒钟的小视频，或是单击窗口左下角的"我的收藏"图标，可以选择最近 14 天拍摄的小视频发送，如图 6-2-16 所示。

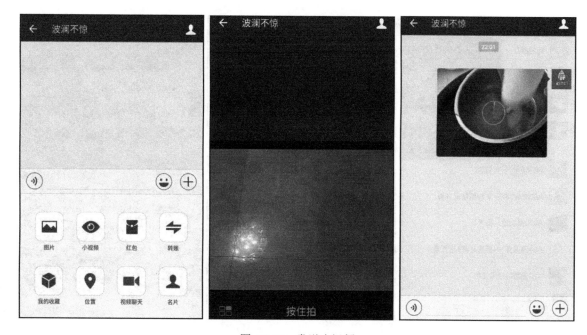

图 6-2-16　发送小视频

5）加入群聊

在通讯录里单击"群聊"图标，或是到微信聊天记录中选择某一个群即可发起群聊。微信群里同样可以发送图片、文字、小视频、语音、红包、名片等信息，如图 6-2-17 所示。

图 6-2-17　加入微信群聊

6）创建微信群

单击微信通讯录右上角的"+"按钮，选择"发起群聊"选项，再选择"面对面建群"选项，和身边的朋友输入同样的 4 个数字，进入同一个群聊，如图 6-2-18 所示。

图 6-2-18　创建微信群

4．使用朋友圈分享精彩生活

用户可以通过朋友圈发表文字和图片，同时可通过其他软件将文章或者音乐分享到朋友圈。用户可以对好友新发的照片进行"评论"或"赞"，用户只能看共同好友的评论或赞。

1）查看朋友圈信息

单击微信主菜单的"发现"图标，可以查看微信好友在朋友圈分享的信息，还可以对每一条分享信息进行点赞或发表评论，如图 6-2-19 所示。

图 6-2-19　查看朋友圈消息

2）通过朋友圈分享生活心情

微信朋友圈可直接发布照片、文字或小视频。单击朋友圈右上角的"相机"图标，选择照片。照片可以选择拍照或者从相册中选取，一次最多可以分享 9 张照片。发布照片的同时可以配上文字说明，如图 6-2-20 如图 6-2-21 所示。

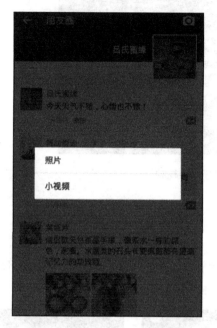
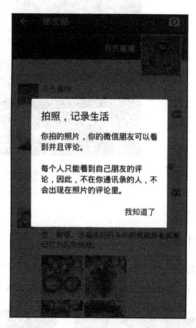

图 6-2-20 朋友圈分享操作

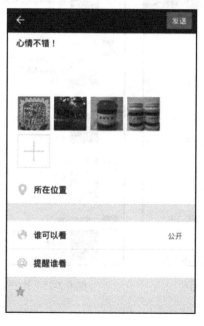

图 6-2-21 朋友圈分享成功

3）通过朋友圈分享小视频

单击朋友圈右上角的"相机"图标，在弹出的列表框中选择"小视频"选项。根据微信版本，可以选择最近 14 天拍摄的小视频，也可以新增录制几秒钟的小视频进行分享，如图 6-2-22

所示。

图 6-2-22　朋友圈分享小视频

知识拓展

1. 微信用户的常用设置

单击微信主菜单"我"，可以查看用户自身相关设置。包含"相册""收藏""钱包""表情""设置"等几部分，如图 6-2-23～图 6-2-25 所示。

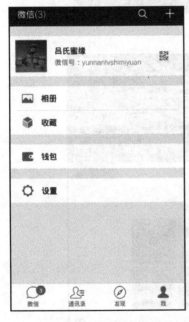

图 6-2-23　用户常用设置

图 6-2-24　用户相册

图 6-2-25　用户收藏

2. 微信钱包

"我的钱包"可以实现好友之间的转账。钱包中的零钱可用于微信支付和提现，同时也能充值，如图 6-2-26 所示。

微信支付转账功能可以为人们拓展更多的生活场景，加上"信用卡还款""AA 收款"等功能，未来微信将以微信支付为基础，多形式地整合个人资金管理模式，让微信成为一个管理用户移动互联网生活的重要平台。点击我的钱包"转账"功能，选择转账给朋友，输入金额，即可快速转账给朋友，如图 6-2-27、图 6-2-28 所示。

图 6-2-26　我的零钱　　　　　　　　　　　图 6-2-27　转账功能

图 6-2-28　转账成功

3. 微信红包

微信红包是微信于 2014 年 1 月 27 日推出的一款应用，功能上可以实现发红包、查收发记录和提现。用户可以拆朋友或企业发来的红包，也可以直接使用收到的零钱发红包给朋友。红包有两类，拼手气群红包和普通红包，如图 6-2-29 所示。

图 6-2-29　发微信红包

4．微信群发助手

选择"我"→"设置"→"通用"→"功能"→"群发助手"选项，通过群发助手把消息同时发给多个微信好友，如图 6-2-30 和图 6-2-31 所示。

图 6-2-30　启用群发助手

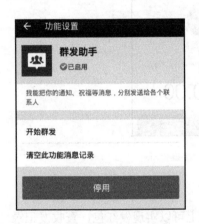

图 6-2-31　使用群发助手

5．管理微信其他功能

选择"我"→"设置"→"通用"→"功能"选项，可以启用或关闭微信提供的部分功能，如图 6-2-32 所示。

6．使用 Windows 微信

（1）首先将微信电脑版安装到计算机上，单击桌面上的"微信"快捷图标，在手机上确认登录，如图 6-2-33 所示。

（2）Windows 微信的功能简单，常用的是查看聊天记录、通讯录、收藏内容。在聊天记录里单击任意一个群可以进行在线交流，如图 6-2-34 所示。

（3）选择某一好友可以在线聊天或发送文件，如图 6-2-35 所示。

（4）使用文件传输助手，可以将图片、视频、分享链接及其他文件在手机和计算机之间进行互相传输，如图 6-2-36 所示。

图 6-2-32 管理其他功能

图 6-2-33 登录 Windows 微信

图 6-2-34 Windows 微信群聊

图 6-2-35 Windows 微信发送文件

图 6-2-36 微信文件传输助手

▋▋ 实战演练

每位同学注册一个微信账号，添加 10 个朋友并将他们分成 3 类（熟人、陌生人、同学）。创建一个学习交流群，群成员不少于 30 人。向朋友圈分享一条含有照片、文字的消息。

任务三 微信功能模块——公众平台

▋▋ 任务目标

1. 了解微信公众平台及其分类。
2. 能关注公众号并查阅消息。
3. 能以个人身份申请订阅号。
4. 能够设置公众号、管理用户、对素材进行管理。
5. 能利用群发功能进行消息推送。

▋▋ 任务描述

微信公众平台是腾讯公司在微信的基础上新增的功能模块。利用公众平台进行自媒体活动，已经形成了一种主流的线上线下 O2O 微信互动营销方式。吕源记食品有限公司宣传部职员小吕负责产品宣传工作，公司要求他能够熟练使用公众平台宣传产品。本任务中，小吕将申请一个订阅号，利用该订阅号的群发功能进行一对多的产品消息推送活动。

任务实施

1. 公众平台的分类及功能

微信公众平台分服务号、订阅号和企业号三类平台。服务号是公众平台的一种服务号类型，旨在为用户提供服务。

1）服务号的功能

（1）1个月（30天）内仅可以发送4条群发消息。

（2）发给订阅用户（朋友）的消息会显示在对方的聊天列表中。

（3）服务号会在订阅用户（粉丝）的通讯录中。通讯录中有一个服务号的文件夹，打开可以查看所有服务号。

（4）服务号可以申请自定义菜单。

2）订阅号的功能

订阅号是公众平台的一种账号类型，为用户提供信息和资讯。

（1）每天（24小时内）可以发送1条群发消息。

（2）发给订阅用户（粉丝）的消息将会显示在对方的"订阅号"文件夹中，单击两次才可以打开。

（3）在订阅用户（粉丝）的通讯录中，订阅号将被放入"订阅号"文件夹中。

（4）订阅号在获得微信认证后也可以申请自定义菜单。

3）企业号的功能

企业号是公众平台的一种账号类型，旨在帮助企业、政府机关、学校、医院等事业单位和非政府组织建立与员工、上下游合作伙伴及内部 IT 系统间的连接，并能有效地简化管理流程，提高信息的沟通和协同效率，提升对一线员工的服务及管理能力。

2. 关注公众号并查阅信息

（1）使用搜索功能关注公众号。此处以关注"高古楼"为例，介绍关注公众号的方法。在通讯录中单击"公众号"右上角的"+"按钮，输入公众号名称"高古楼"，单击"搜索"按钮关注即可，如图 6-3-1、图 6-3-2 所示。

（2）扫一扫二维码，关注公众号。微信二维码是由腾讯公司开发，配合微信使用的添加好友、关注公众号和实现微信支付功能的一种新方式，是含有特定内容格式的，只能被微信软件正确解读的二维码。

此处以关注"杂志铺"为例，介绍"扫一扫"的使用方法。在微信主菜单的"发现"界面中单击"扫一扫"图标，弹出二维码扫描框。将手机摄像头对准二维码，微信即可自动扫描并识别出二维码内容，如图 6-3-3、图 6-3-4 所示。

图 6-3-1　搜索公众号　　　　　　　　　　　　　　图 6-3-2　关注"高古楼"

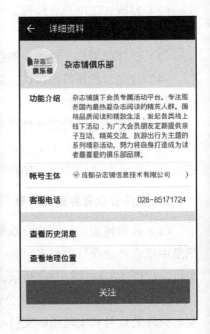

图 6-3-3　扫一扫　　　　　　　　　　　　　　　图 6-3-4　关注"杂志铺"

（3）单击微信主菜单的"通讯录"里的"公众号"，可以查看用户已经关注的公众号，如图 6-3-5 所示。

（4）单击微信主菜单"微信"界面中的"订阅号"，可以查看所有关注的订阅号推送的消息，如图 6-3-6 所示。

图 6-3-5　已关注公众号

图 6-3-6　订阅号推送的信息

3．申请订阅号

（1）双击桌面上的 Internet Explorer 图标 ，打开浏览器，在搜索框中输入"微信公众平台"，单击"百度一下"按钮或按下"Enter"键，进入搜索结果页面，如图 6-3-7 所示。

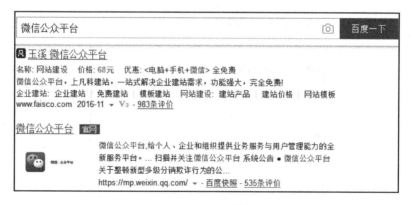

图 6-3-7　搜索结果

（2）在搜索结果页面中显示出多条结果，根据链接下面的网址、编辑时间、"官网"标志等多个因素选择第二条结果，单击"微信公众平台"的链接进入微信公众平台主页。单击"立即注册"链接，如图 6-3-8 所示。

（3）进入到选择账号类型的页面，根据任务需求选择"订阅号"，如图 6-3-9 所示。

（4）填入基本信息，使用未被注册过的邮箱作为登录账号，密码则为登录公众号的密码。单击"注册"按钮，如图 6-3-10 所示。

（5）确认邮件发送至注册邮箱，需要进入邮箱查看，并激活公众平台账号，如图 6-3-11 所示。

图 6-3-8　公众平台首页

图 6-3-9　选择账号类型

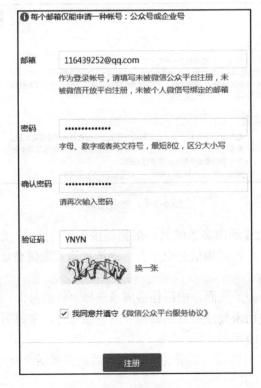

图 6-3-10　填写基本信息

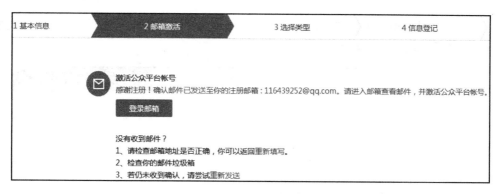

图 6-3-11　登录注册邮箱

（6）登录邮箱，点击链接激活账号，如图 6-3-12 所示。

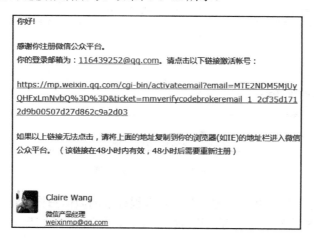

图 6-3-12　激活账号

（7）了解账号类型及其功能、适用范围，选择账号类型并继续，如图 6-3-13 所示。

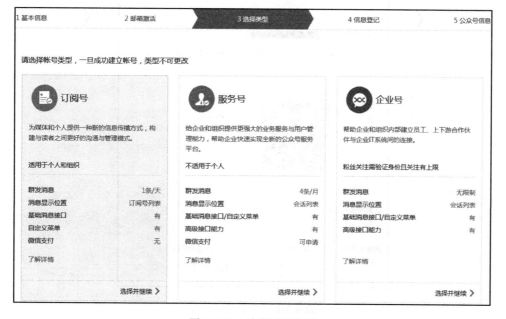

图 6-3-13　选择账号类型

（8）选择公众号类型后不可更改，再次确认之后进入"信息登记"页面，选择主体类型，本任务选择"个人"，如图 6-3-14 所示。

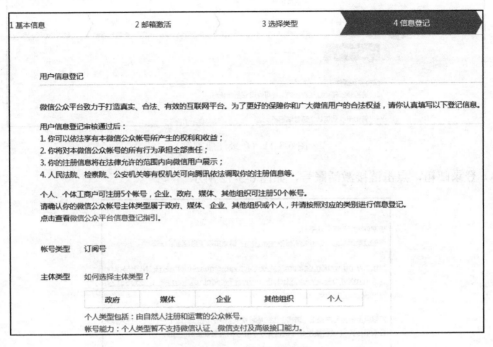

图 6-3-14　选择主体类型

（9）如实填写主体信息，并用绑定运营者本人银行卡的微信扫描二维码，进行"运营者身份验证"。使用运营者手机号码发送验证码进行操作验证，如图 6-3-15 所示。

图 6-3-15　主体信息登记

（10）主体信息提交确认后将进行公众号信息的填写，如图6-3-16所示。

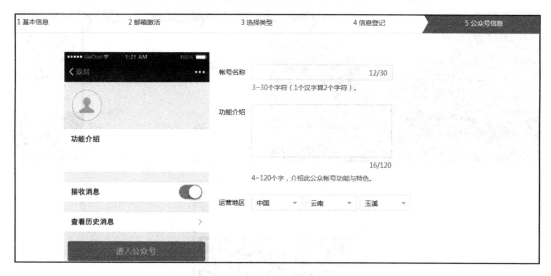

图6-3-16 公众号信息登记

（11）信息提交成功之后，前往微信公众平台使用相关功能，如图6-3-17所示。

图6-3-17 进入公众平台

4．管理公众号

1）登录公众平台

（1）使用浏览器进入微信公众平台主页，输入账号和密码，单击"登录"按钮，如图6-3-18所示。

（2）为保障账号安全，需用管理员与运营者微信扫码验证身份，运营者在手机端确认登录，如图6-3-19所示。

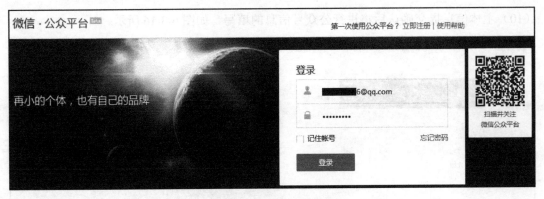

图 6-3-18　登录公众平台

图 6-3-19　扫码验证登录身份

2）设置公众号

（1）进入公众平台之后，在"公众号设置"的"账号详情"选项卡下可以进行上传账号头像、下载更多尺寸的二维码、功能介绍等许多操作，如图 6-3-20 所示。将不同尺寸的二维码保存下来，方便用在不同的宣传渠道，扩大公众账号的关注度。

（2）在"公众号设置"的"功能设置"选项卡下，设置允许或禁止通过名称搜索到本账号，可以使用名称或微信号作为微信图片水印，如图 6-3-21 所示。

3）用户管理

微信公众平台无法主动去添加好友，只能被他人添加关注。用户在微信中使用"扫一扫"功能，扫描公众号二维码，关注成为粉丝后，公众号运营者即可通过微信公众平台发送消息与所关注的用户进行互动。

公众号运营者可以新建标签，对所有的用户进行分组管理，便于推送消息时选择推送的对象和范围，如图 6-3-22 所示。

4）素材管理

素材管理功能可以将图片、语音、视频、图文消息上传到公众平台的空间里。本任务以管理图片为例介绍上传素材的方法。先通过新建分组将全部图片进行分组管理，如图 6-3-23 所示。单击"本地上传"按钮，在出现的"打开"对话框中选择所需图片，单击"打开"按钮即可将图片上传到相应的分组中，如图 6-3-24 所示。

图 6-3-20 账号详情设置

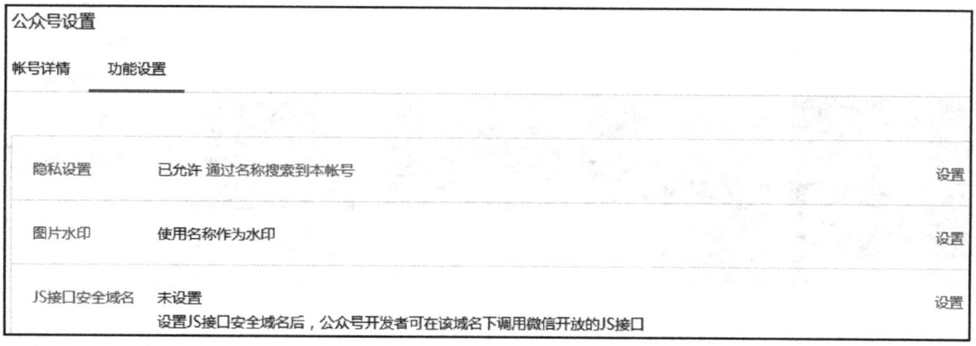

公众号设置

帐号详情 **功能设置**

隐私设置	已允许 通过名称搜索到本帐号	设置
图片水印	使用名称作为水印	设置
JS接口安全域名	未设置 设置JS接口安全域名后，公众号开发者可在该域名下调用微信开放的JS接口	设置

图 6-3-21 功能设置

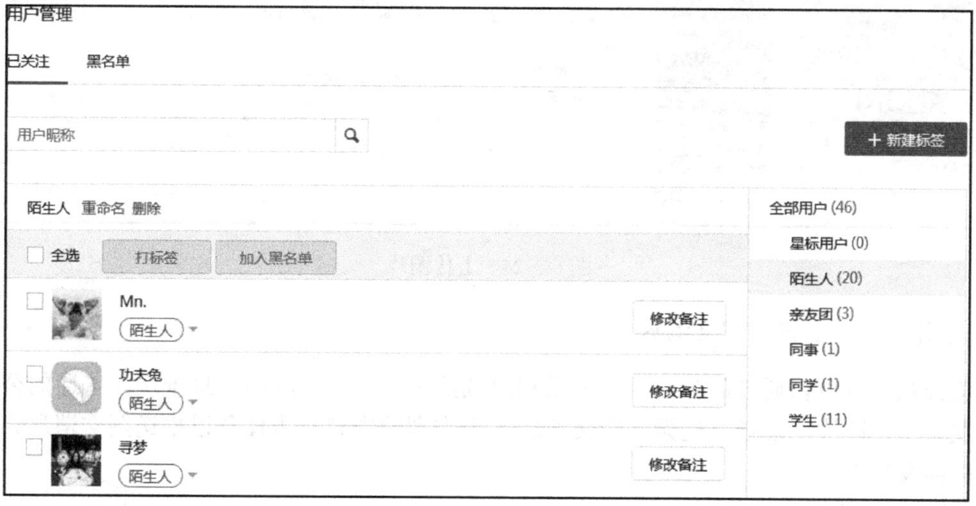

用户管理

已关注 黑名单

用户昵称 🔍　　　　　　　　　　　　　　　　　　　 ＋ 新建标签

陌生人 重命名 删除　　　　　　　　　　　　　　全部用户 (46)

☐ 全选　打标签　加入黑名单　　　　　　　　　　星标用户 (0)

☐ Mn.　　　　　　　　　　　　　修改备注　　陌生人 (20)
　　陌生人 ▼

☐ 功夫兔　　　　　　　　　　　　修改备注　　亲友团 (3)
　　陌生人 ▼　　　　　　　　　　　　　　　　同事 (1)

☐ 寻梦　　　　　　　　　　　　　修改备注　　同学 (1)
　　陌生人 ▼　　　　　　　　　　　　　　　　学生 (11)

图 6-3-22 用户分组管理

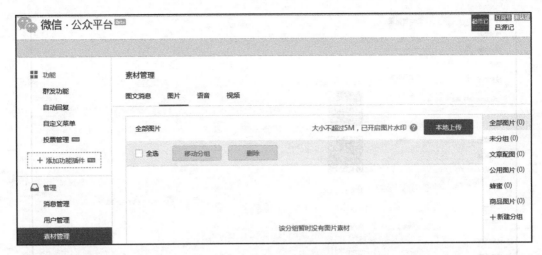

图 6-3-23　图片分组管理

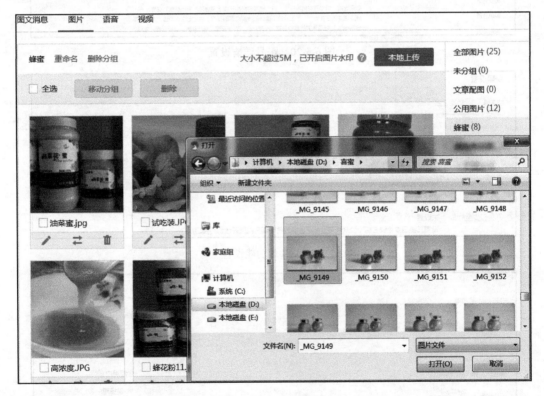

图 6-3-24　上传图片

5. 使用公众平台推送图文消息

微信公众账号可以通过后台的用户分组和地域控制，实现精准的消息推送。普通的公众账号可以群发文字、图片、语音、视频、图文消息 5 个类别的内容。本任务以推送图文消息为例介绍公众号的群发功能。

1）新建图文消息

在"素材管理"界面选择"图文消息"选项卡，单击"新建图文消息"按钮，如图 6-3-25 所示。

图 6-3-25　新建图文消息

2）编辑图文消息

分别输入标题、作者，编辑正文内容，如图 6-3-26 所示。

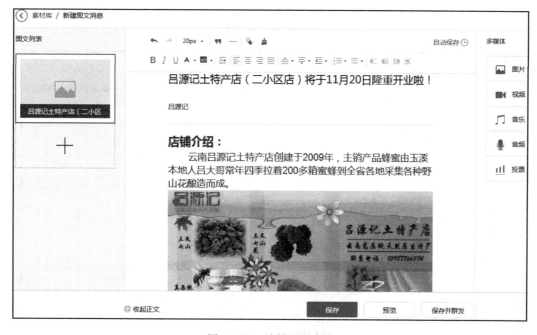

图 6-3-26　编辑正文内容

3）编辑发布样式

进行发布样式编辑，包括选择一张图片作为封面，为本条消息添加摘要信息，如图 6-3-27 所示。

4）添加背景音乐

将光标定位到正文开始位置，单击多媒体下的"音乐"按钮。在弹出的页面中输入音乐名称"怒放的生命"，单击"搜索"按钮显示出很多歌曲。选择其中一首歌曲，试听满意后单击"确定"按钮即可将本首歌曲添加成本图文消息的背景音乐，如图 6-3-28 所示。

5）预览图文消息

单击图文消息编辑页面下方的"预览"按钮，将该篇图文消息发送到编辑者手机上预览，如图 6-3-29 所示。预览满意后可以单击"保存"按钮将该篇图文消息保存至素材库中，在素材管理库中可以继续编辑或删除该篇消息，如图 6-3-30 所示。

图 6-3-27　编辑发布样式

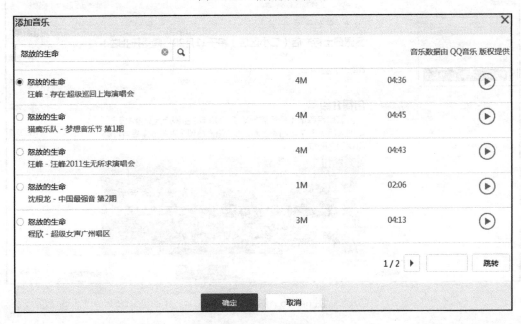

图 6-3-28　添加背景音乐

6）群发图文消息

（1）微信公众平台利用群发功能可以通过用户分组选择群发对象、性别、群发地区，实现精准的消息推送。推送的消息可以新建或从素材库中选择。本任务群发的消息从素材库中选择，如图 6-3-31 所示。

（2）单击"从素材库中选择"按钮，选择已经保存好的一篇图文消息，单击"确定"按钮，如图 6-3-32 所示。

（3）单击"群发"按钮后，显示二维码。要求用管理员微信号或运营者微信号码验证后才可群发消息，如图 6-3-33 所示。

图 6-3-29 手机预览图文消息

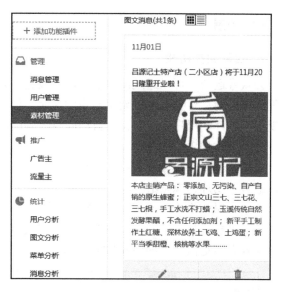

图 6-3-30 素材管理界面

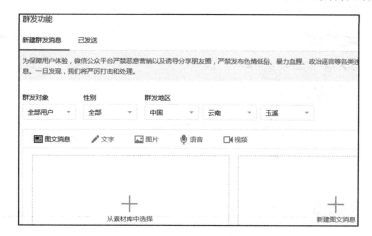

图 6-3-31 群发功能

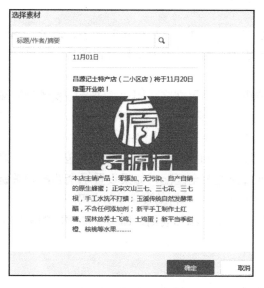

图 6-3-32 选择群发素材

图 6-3-33 扫码验证群发操作

知识拓展

1. 自动回复功能

公众号运营者可以通过简单的编辑，设置"被添加自动回复""关键词自动回复""消息自动回复"等功能。运营者可以设定常用的文字、语音、图片、视频作为回复消息，并制定自动回复的规则。当订阅用户的行为符合自动回复规则的时候，就会收到自动回复的消息。

（1）被添加自动回复。

在微信公众平台设置被添加自动回复后，粉丝在关注您的公众号时，会自动发送您设置的文字、语言、图片、视频给粉丝，设置后可根据需要修改或删除回复。

登录到微信公众平台后，选择"功能"栏中的"自动回复"选项，默认已经自动开启该功能。单击"被添加自动回复"按钮，可设置文字、图片、语音、视频为回复内容。本任务仅添加文字内容为回复内容，如图 6-3-34 所示。

图 6-3-34　被添加自动回复

（2）消息自动回复。

设置用户消息回复后，粉丝给您发送微信消息时，会自动回复您设置的文字、语音、图片、视频给粉丝。提示：①该设置 1 个小时内回复 1~2 条内容；②暂不支持设置图文、网页地址消息回复；③只能设置一条信息回复。

在"自动回复"栏中单击"消息自动回复"按钮，可设置文字、图片、语音、视频为回复内容，如图 6-3-35 所示。

（3）关键词自动回复。

设置关键词自动回复，通过添加规则（规则名最多为 60 个字），订阅用户发送的消息内容如果有您设置的关键字（关键字不超过 30 个字，可选择是否全匹配，如果设置了全匹配则关键字必须全部匹配才生效），即可把您设置在此规则名中回复的内容自动发送给订阅用户。

在"自动回复"栏中，单击"关键词自动回复"按钮，添加规则，即可添加相应的关键词自动回复信息，如图 6-3-36 所示。

2. 安全中心

在公众号安全中心可以绑定运营者微信号，进行风险操作保护、提醒和记录，修改公众号密码等操作，如图 6-3-37 所示。

图 6-3-35　消息自动回复

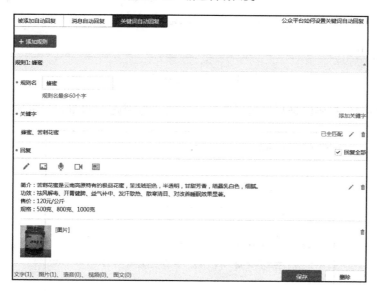

图 6-3-36　关键词自动回复

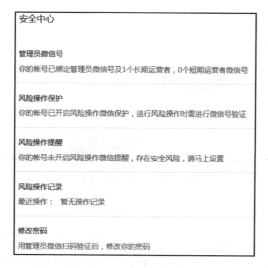

图 6-3-37　安全中心

（1）管理员微信号。注册时运营者扫码绑定的微信号将作为公众平台管理员微信号，公众平台自动开启登录保护，后续每次登录账号需要扫码验证后方可登录且不能关闭，保护账号安全，提高账号的安全性。

为了让更多人管理公众号更方便与安全，每个公众号可由管理员添加绑定 5 个长期（永久有效）运营者微信号、20 个短期（1 个月内有效）运营者微信号，运营者微信号无须管理员确认即可直接登录公众平台和群发操作，如图 6-3-38 所示。

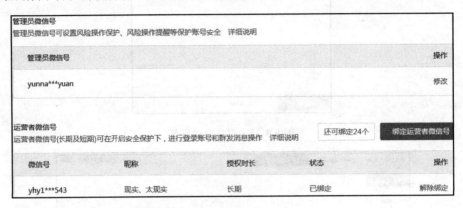

图 6-3-38　绑定运营者微信号

（2）用管理员微信扫码验证后，可以重新设定公众号密码，如图 6-3-39 所示。

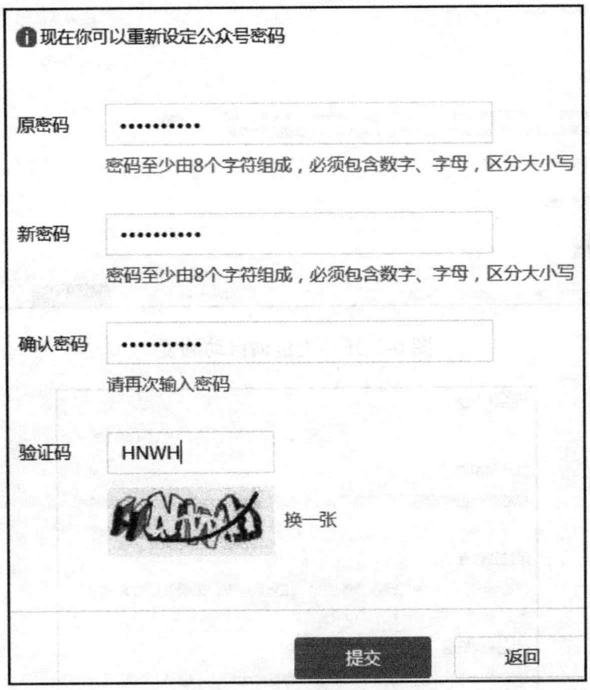

图 6-3-39　修改公众号密码

3. 消息管理

该功能用于对粉丝发来的消息进行管理，文字消息保存 5 天，其他类型消息只保存 3 天。还可以对某条消息进行收藏，便于查看和永久保存该信息，如图 6-3-40 所示。

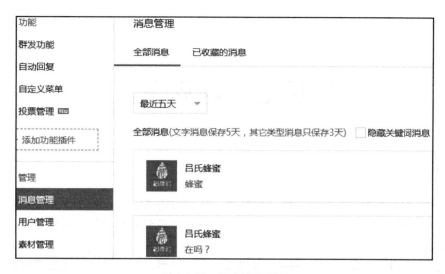

图 6-3-40　用户消息管理

▌▌ 实战演练

　　每位同学注册一个订阅号，使用该订阅号策划一个商品集赞宣传活动，并通过群发功能推送该条消息。

项目七　翻译工具

项目描述

　　随着互联网的发展和全球信息一体化的发展，人们的工作、学习和生活都越来越多地会接触到英文。例如，平时浏览网页或是阅读文献都会或多或少遇到几个难懂的英文词汇，这时就难免要使用翻译工具了。

　　本项目主要介绍两种翻译工具——金山词霸、有道词典。通过学习，我们可以使用在线翻译工具来解决阅读中的许多困难。

任务一　翻译工具——金山词霸

任务目标

　　1. 认识翻译工具——金山词霸。
　　2. 掌握金山词霸的功能。
　　3. 能够使用金山词霸工具进行在线翻译。

任务描述

　　京华公司是一家外资企业、出入境办事处、政府部门等所指定的涉外翻译公司。主要承接各类书面翻译、文书业务，接受外派口译服务，外语咨询服务及提供信息资料，外语培训。小刘是一名刚进入公司的职员，部门经理为考察小刘的专业翻译实力，让小刘进行某企业的书面翻译工作，小刘接到了分配任务，面对繁重的翻译任务，小刘要如何快速准确地完成任务呢？

　　小刘接到的翻译任务包括英汉、汉英双译，小刘在翻译过程遇到了以下困难。

　　（1）遇到中文生僻字。

　　（2）不能准确把握发音。

　　（3）词语、语句释义不准。

　　小刘听取同事意见，决定使用翻译工具——金山词霸软件来帮助自己完成任务。

任务实施

1. 查询生僻字

　　打开金山词霸软件，在搜索栏中输入或粘贴生僻字，按"Enter"键，即可查看汉语拼音，如图 7-1-1 所示。

图 7-1-1　查询生僻字

2．查询准确发音

打开金山词霸软件，在搜索栏中输入或粘贴需查询语句，按"Enter"键，即可查看语句释义，把鼠标指针放在释义中的小喇叭形状处，即可播放读音，有美式发音和英式发音两种，如图 7-1-2 所示。

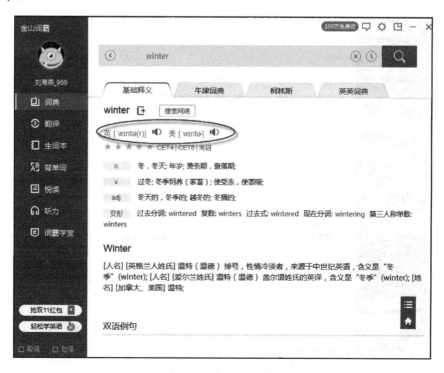

图 7-1-2　查询准确发音

3．语句释义

（1）打开金山词霸软件，切换到"翻译"页面，在"原文"框中粘贴需要翻译的语句或段落，即可在"译文"框中查看译文，如图 7-1-3 所示。

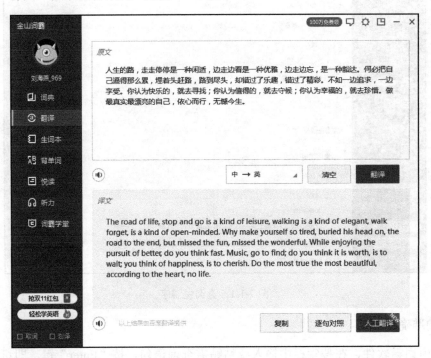

图 7-1-3　语句释义 1

（2）反之，英文语句、段落进行中文释义，如图 7-1-4 所示。

图 7-1-4　语句释义 2

知识拓展

1. 认识金山词霸

（1）金山词霸 PC 版

金山词霸是一款经典、权威、免费的词典软件，18 年来一直致力于打造专业权威的电子词典，目前整合收录 147 本专业版权词典，30 余万真人语音，17 个场景 2000 组常用对话，完整收录《柯林斯 COBUTLD 高阶英汉双解学习词典》。同时支持中文与英语、法语、韩语、日语、西班牙语、德语六种语言互译。

金山词霸 2016 PC 版在专注提升查词体验的基础上斥巨资购买牛津词典，耗时数月解析牛津词典数据，为使用者获得更佳的牛津词典阅读体验，重新调整了字体的显示效果，并根据牛津词典中的解释，将部分词典内容进行了修改，牛津词典中的插图、用法说明、附录等内容暂未包含。金山词霸软件主界面如图 7-1-5 所示。

图 7-1-5　金山词霸软件主界面

（2）金山词霸移动版

随着移动互联网络的迅速发展，金山词霸移动版也被普遍使用，分为 Android 版和 iOS 版，是一款经典、权威、免费的词典软件，完整收录柯林斯高阶英汉词典；整合 500 多万双语及权威例句，147 本专业版权词典；并与 CRI 合力打造 30 余万纯正真人语音。同时支持中文与英语、法语、韩语、日语、西班牙语、德语六种语言互译。采用更年轻、时尚的 UI 设计风格，界面简洁清新，在保证原有词条数目不变的基础上，将安装包压缩至原来的 1/3，运行内存也大大降低。

2. 词典特色功能

金山词霸的特色功能表现在离线词典、屏幕取词、词典查询和真人语音等。

（1）离线词典

下载金山词霸时，已经同时下载了英汉/汉英的词库，包含百万词条，可以满足基本查词需求。可以实现计算机没联网也可以使用金山词霸。

（2）屏幕取词

屏幕取词即是通常说的"即指即译"功能，主要进行中英文互译，翻译屏幕上任意位置的中、英文单词或词组。中英文单词的释义将即时显示在屏幕上的浮动窗口中，用户可以随时通过设置暂停或恢复屏幕取词功能。用户可以设置透明浮动窗口来显示翻译结果，可以不阻挡屏幕文字及图像。

（3）权威词典专业释义

金山词霸 2016 版包含 147 本版权词典，这些词典的纸质版总价值超过 3000 元，涵盖金融、法律、医学等多行业、80 万专业词条。相当于随身携带一书柜的词典。词典查询功能如图 7-1-6 所示，包括基础释义、双语例句、网络释义、词组习语、行业释义、更多资料等几个方面。

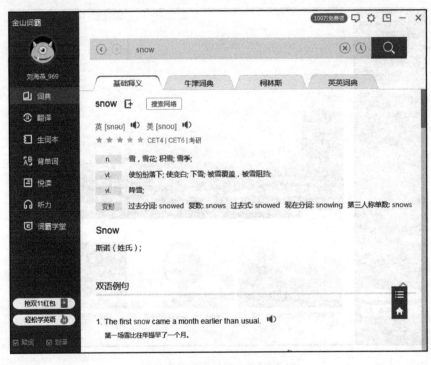

图 7-1-6　金山词霸词典查询功能

（4）真人语音

金山词霸 2016 版拥有 32 万纯正英式、美式真人语音，特别针对长词、难词和词组。 另外还有强大 TTS，中英文的句子都可进行真人语音，帮助自学。

（5）海量情景例句

金山词霸可以模拟英语的各种场景，共集合了 17 种情景，上千组对话，通过搜索快速匹配最合适的情景表达。用户可以在闲暇时，使用词霸来学英语，也可以应用在出国旅游、外企面试、与外国人聊天等方面。

（6）强大汉语词典

金山词霸内置超强悍汉语词典，从生僻字到流行语，发音、部首全都有，还有笔画写字教学。对于诗词、成语、名言等，可以一键查阅经典出处。

▌▌ 实战演练

使用金山词霸软件翻译下列词语、语句。

1. 英文释义中文

While sharing a nickel or a quarter may go a long way for them，it is hard to believe the people would simply lie over and die. But to some people in such an unfortunate situation，it is more than simple surrender but another aspect of personal proportions that have led them to lose hope and live the rest of their days in misery.

Money and support is not all the things in a person's life. The matter of affection and care is also an invisible need that people tend to overlook. For people who fill the streets in rags and dirty clothes，a simple comfort and smile may eventually give their lives a new lease.

2. 中文释义英文

夏天　高中　计算机网络技术专业

什么是成功的人？就是今天比昨天更有智慧的人，今天比昨天更慈悲的人，今天比昨天更懂得爱的人，今天比昨天更懂得生活美的人，今天比昨天更懂得宽容的人。

任务二　翻译工具——有道词典

▌▌ 任务目标

1. 认识翻译工具——有道词典。
2. 掌握有道词典的功能。
3. 能够使用有道词典工具进行在线翻译。

▌▌ 任务描述

小刘已经使用金山词霸帮助自己进行翻译工作，但是她想要更加准确地把握词语释义，所以希望使用两个词典进行对照，小刘又选用有道词典工具进行翻译任务。

▌▌ 任务实施

1. 使用词典功能进行释义

（1）安装有道词典客户端，打开有道词典程序，选择互译语言，如图 7-2-1 所示。

在这里选择汉英互译，然后在输入栏输入词句，按"Enter"键进行翻译，有词语的词典释义和例句释义，例句释义部分包括双语例句、原声例句、权威例句，既可根据需要查看日常口语，也可查看书面语，如图 7-2-2 和图 7-2-3 所示。

（2）使用有道词典网页版，可以不安装有道词典程序，直接打开网页进行翻译，如图 7-2-4 所示。

图 7-2-1　选择互译语言

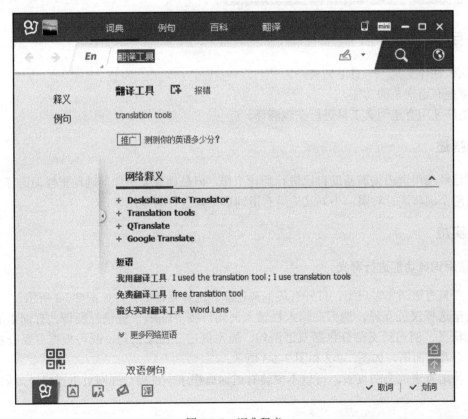

图 7-2-2　词典释义

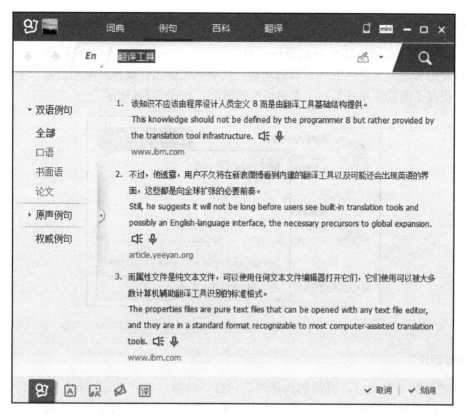

图 7-2-3 例句释义

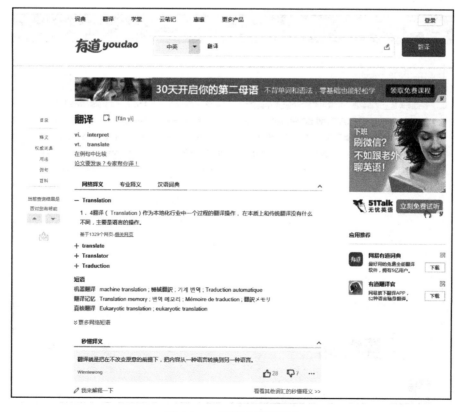

图 7-2-4 有道词典网页版

2．屏幕取词

当我们在阅读文章或在浏览器浏览资源时，经常会遇到个别生僻字或疑难字，不知道释义时，就可以使用有道词典提供的屏幕取词功能，只需把鼠标指针放在屏幕词语处，即可做到边阅读边释义，提高了阅读质量并节约了查询词典的时间，如图 7-2-5 所示。

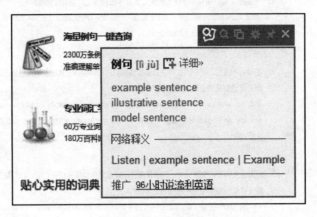

图 7-2-5　屏幕取词

3．语句翻译

我们在进行翻译文章时，有道词典提供语句翻译功能。打开有道词典，切换到"翻译"页面，只需要将所需翻译的内容复制粘贴或输入到原文框中，单击"自动翻译"按钮，几秒钟时间就可以查看到对照的译文，如图 7-2-6 所示。

图 7-2-6　语句翻译

▌▌知识拓展

1. 认识有道词典

有道词典是全球首款基于搜索引擎技术的免费中英文翻译软件，于 2007 年 12 月正式推出客户端软件版，目前已有多个版本，包括桌面版、手机版、Pad 版、网页版、有道词典离线版、Mac 版本以及各个浏览器插件版本。

累计安装量超过 3.5 亿，有道词典的热销广告位日均展示量超过 1000 万，桌面版月活跃用户达到 2700 万；国内最权威翻译工具，有道词典在品牌认知度、经常使用和最常使用三项指标中都处于领先地位；定向匹配您的目标用户，有道词典根据目标受众群特征，将您的广告定向到匹配人群，并同时应用地域定向技术，转换率更高。有道词典主界面和资源介绍如图 7-2-7 所示。

图 7-2-7　有道词典资源介绍

2. 词典的特色功能

（1）多语种网络词典

① 实时收录最新词汇，基于有道词典独创的"网络释义"技术，为用户提供最佳翻译结

果。轻松囊括互联网上最新最流行的词汇，ORZ 这样的网络词语也不放过。

② 多国语言翻译，全新增加多语种发音功能，集成中、英、日、韩、法五种语言专业词典，切换语言环境，即可选择多国语言轻松查询，还可跟随英、日、韩、法多语言发音学习纯正口语。

③ 中、英、日、韩、法全文翻译增强，全新增加网页翻译功能，在翻译框内直接输入网址单击"翻译"按钮，即可得到翻译后的该网址页面；实现快速准确的中、英、日、韩、法五国语言全文翻译，还可自动检测语言环境，轻松翻译长句及文章段落。

（2）海量的免费词典

① 专业权威大词典。完整收录《21 世纪大英汉词典》《新汉英大辞典》《现代汉语大词典》等多部专业权威词典，词库大而全，查词快又准。

② 海量例句一键查询。2300 万条例句一键查询，还可根据单词释义选择相关例句，使用户更加准确理解单词语境，活学活用。

③ 专业词汇学科标注。60 万专业词汇标注，词条覆盖 200 个学科领域。180 万百科词条提供一站式知识查询平台。

（3）地道的原声翻译词典

① 多国语言可发音。日、韩、法语单词及例句都可点击发音，清晰流畅，轻松学习多国纯正口语。

② 全新原声音视频例句。全新视频例句功能收录国际名校公开课，以及欧美经典影视作品的视频例句，体验纯正英语。来自英语广播原音重现的音频例句，地道权威。

③ 例句及网络释义发音。网络释义自动发音，例句点击发音，纯正标准及清晰流畅的英文朗读，解决"哑巴英语"的烦恼。

（4）贴心实用的词典

① 高效记忆的单词本。新单词本功能全面升级，依据艾宾浩斯遗忘曲线原理，添加复习模块，高效背单词。支持单词本导入功能，添加四六级词库，直接复习。

② 强力智能屏幕取词。首家实现 IE9 浏览器下屏幕取词功能，首家支持 Chrome 屏幕取词。可在多款浏览器、图片、PDF 文档中轻松取词。具备 OCR 取词、词义动态排序及词组智能取词。"有道指点"为用户提供丰富的人物、影讯、百科等内容。

③ 划词释义。划词释义功能全面增强，支持多浏览器环境，鼠标划词或双击即可获得翻译结果及更多相关信息，可在文本中随意选择段落、长句及短语词组进行翻译和检索，如图 7-2-8 所示。

（5）其他实用之处（图 7-2-9）

① 内容丰富的百科全书。

② 纯正英文单词发音。

③ 权威汉语大词典。

④ 便捷的网络单词本。

⑤ 本地功能强大。

⑥ 手写输入。

⑦ 一键换肤。

⑧ 兼容 64 位系统。

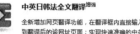
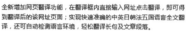

图 7-2-8　有道词典特色功能汇总

图 7-2-9　有道词典其他实用之处

实战演练

使用有道词典软件翻译下列词语、语句，并结合金山词霸进行对照释义。

1. 英文释义中文

Whether sixty or sixteen, there is in every human being's heart the lure of wonders, the unfailing childlike appetite of what's next and the joy of the game of living. In the center of your heart and my heart there is a wireless station: so long as it receives messages of beauty, hope, cheer, courage and power from men and from the infinite, so long are you young.

An individual human existence should be like a river—small at first, narrowly contained within its banks, and rushing passionately past boulders and over waterfalls. Gradually the river grows wider, the banks recede, the waters flow more quietly, and in the end, without any visible break, they become merged in the sea, and painlessly lose their individual being.

2. 中文释义英文

有一位表演大师上场前，他的弟子告诉他鞋带松了。大师点头致谢，蹲下来仔细系好。等到弟子转身后，又蹲下来将鞋带解松。有个旁观者不解地问：大师，您为什么又要将鞋带解松呢？大师回答道：因为我饰演的是一位劳累的旅行者，长途跋涉让他的鞋带松开了。旁观者又问道：那你为什么不直接告诉你的弟子呢？大师回答道：他能细心地发现我的鞋带松了，并且热心地告诉我，我一定要保护他这种热情的积极性，及时地给他鼓励。至于为什么要将鞋带解开，将来会有更多的机会教他表演，可以下一次再说啊。

项目八 云存储工具

项目描述

云存储技术是通过集群应用、网格技术或分布式文件系统（DFS）等功能，将网络中大量各种不同类型的存储设备通过应用软件集合起来协同工作，共同对外提供数据存储和业务访问功能的一整套系统。自从谷歌公司提出云存储的概念并实施之后，云存储的运用正在不经意间改变着人们的生活、工作和学习的方式，为人们的生活和工作带来了很多的便利。但随着云存储技术的方兴未艾，又提出了一个新的课题，如何熟练地掌握云存储工具似乎变得举足轻重。

本项目将介绍当前比较流行的云存储工具软件的使用。通过本项目的学习，学习者能够熟练掌握私有云工具——云盒子的运用方法和技巧，掌握公有云工具——百度云管家的使用方法和技巧。享受云存储给我们带来的便利。

任务一　私有云平台搭建工具——云盒子

任务目标

1. 掌握私有云工具——坚果云的下载、安装和设置方法。
2. 掌握云盒子的文件和文档管理方法。
3. 掌握云盒子的文件、文件夹的功能和使用方法。
4. 掌握云盒子的文件在线编辑功能和使用方法。
5. 掌握云盒子的编辑锁功能和使用方法。
6. 掌握云盒子的文件/文件夹删除、共享权限设置和外链管理功能和使用方法。

任务描述

小刘在天意公司工作，该公司是一家专业的财务公司。小刘在日常的工作中会产生大量的财务数据，如何安全地保存这些重要的数据是他比较头疼的一个问题。之前使用的是移动存储，如移动硬盘和光盘。但他随时都要承担着这些移动存储设备损坏、丢失等诸多的风险。如何将这些私人的数据安全地保存成为困扰小刘的一个大问题。

一个偶然的机会，小刘听说云盒子是一个专业的同步盘提供商，只需将个人文件放入自己搭建的私有服务器中，就可以便捷地访问自己的文件，并安全地保存它们。所以小刘决定好好学习云盒子的使用方法，以此来解决数据的保存问题。

任务实施

1. 云盒子服务器控制台的下载和安装配置

（1）通过 Web 浏览器登录云盒子官网，下载云盒子的服务器安装包 CloudocServer.msi。

（2）下载完成后，进行 Server 端的安装和配置。首先安装 CloudocServer.msi，双击该安装包进行安装，如图 8-1-1 所示。

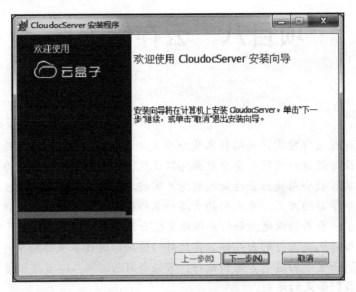

图 8-1-1　安装云盒子服务器端

（3）用户可以根据自己的实际情况选择目标文件夹进行安装，单击 下一步(N) 按钮，进入安装界面，如图 8-1-2 所示。

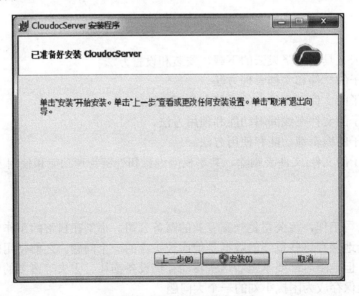

图 8-1-2　安装云盒子服务器端

（4）单击 安装(I) 按钮，进入安装进程，计算机会自动安装相关的组建，如图 8-1-3 所示。

（5）安装完成以后，弹出服务器的启动和配置界面，如图 8-1-4 所示。

（6）单击"启动"按钮，弹出服务器的"配置"对话框，单击 自动配置 按钮，服务器软件会自动按照服务器所在 PC 的 IP 地址进行自动配置 Web 端口和各种端口，如图 8-1-5 所示。

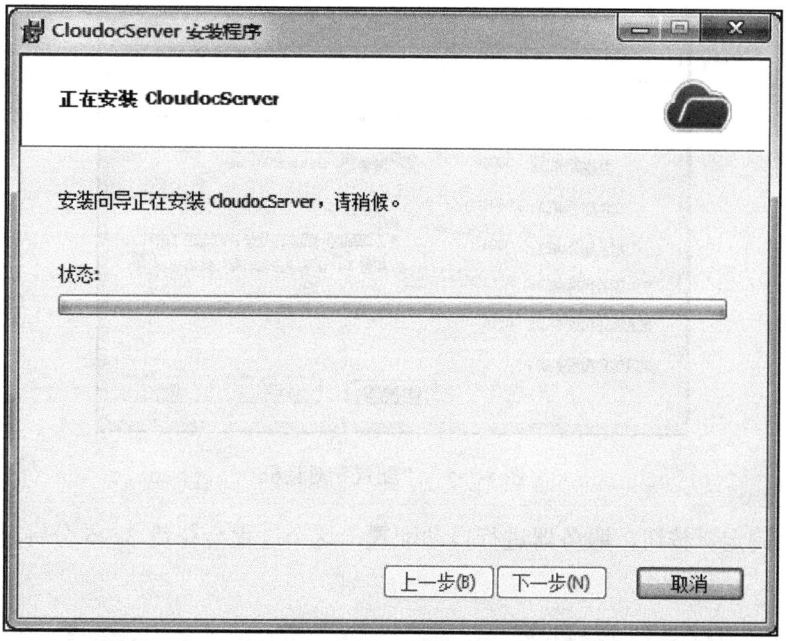

图 8-1-3　安装进程界面

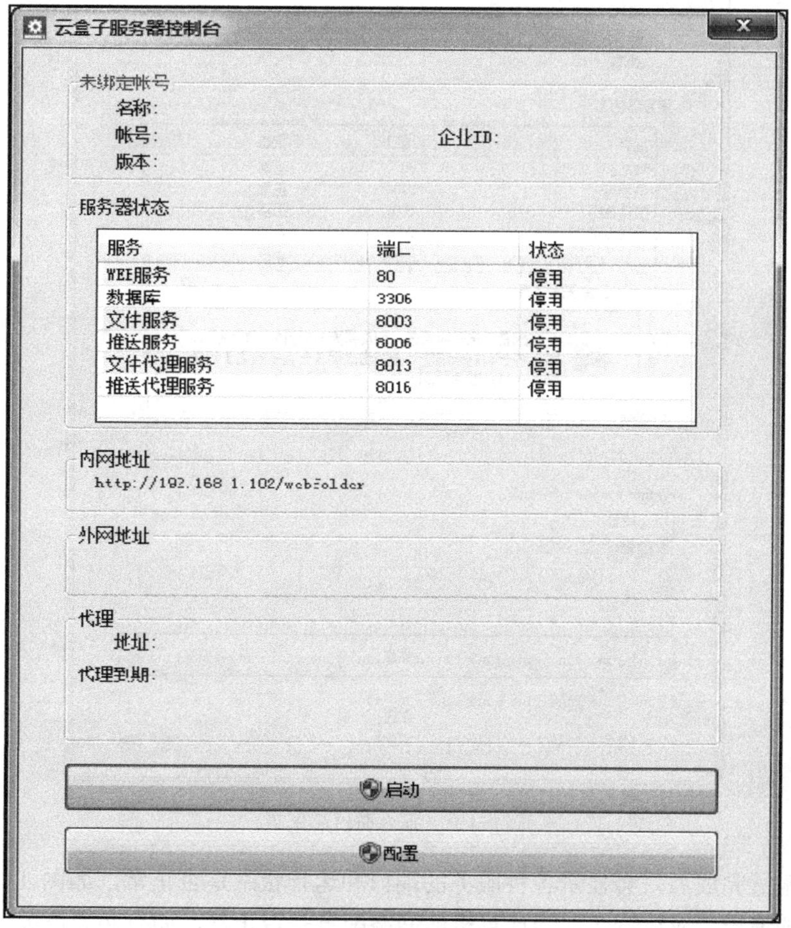

图 8-1-4　启动和配置界面

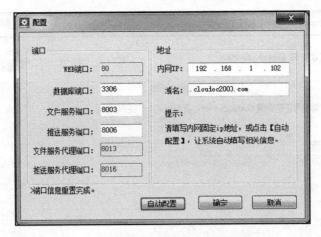

图 8-1-5 "配置"对话框

（7）单击"确定"按钮，服务器进行自动配置，这个过程会花费 3～5 分钟时间，如图 8-1-6 所示。

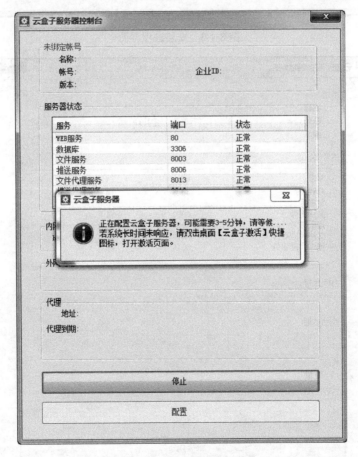

图 8-1-6 服务器自动配置

（8）自动配置完成后，会显示各种服务的端口和运行状态是否正常，如图 8-1-7 所示。如果出现状态异常的情况，应检查服务器计算机的网络配置是否正常，如有必要请关闭防火墙。

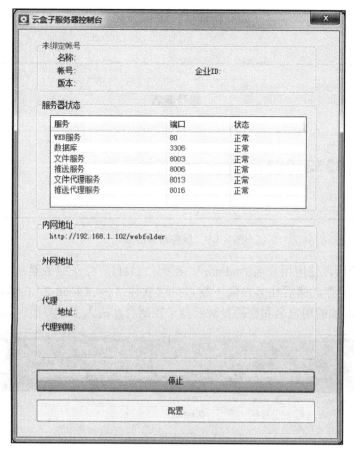

图 8-1-7 服务器的配置状态

（9）如果配置正常，自动弹出"激活服务器"对话框，对话框显示云盒子服务器已经安装成功，但没有激活。这时选中"在线激活"单选按钮，单击"下一步"按钮，如图 8-1-8 所示。

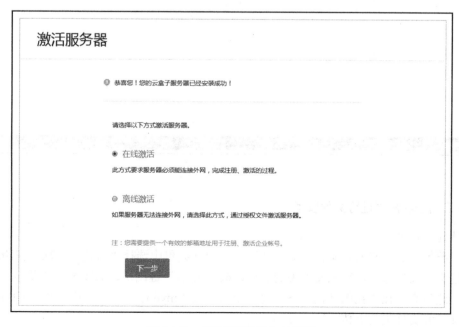

图 8-1-8 "激活服务器"对话框

（10）在激活界面输入一个合法的邮箱地址，进行激活，如果正常，出现"激活成功"的提示，如图 8-1-9 所示。

图 8-1-9　服务器激活成功

（11）激活成功后，使用用户名"admin"，密码"11111"登录服务器，增加要在客户端登录的用户名和密码并保存，然后在客户端下载客户端软件"ownCloud-2.1.0.5683-setup.zip"，安装后，在客户端使用增加的用户名和密码登录云盒子控制台，进入工作界面，如图 8-1-10 所示。

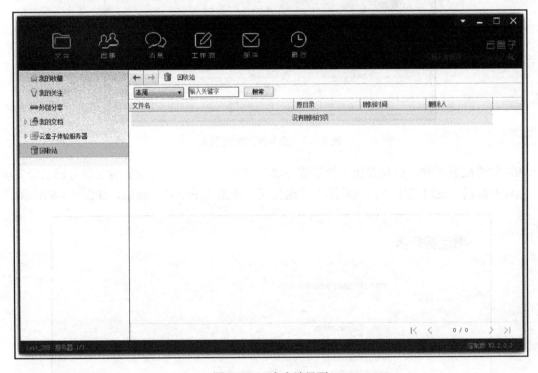

图 8-1-10　客户端界面

2. 在云盒子客户端进行文件管理

（1）新建文件夹

右击需要新建文件夹的目录空白处，在弹出的快捷菜单中选择"新建"选项，在级联菜单中选择"新建文件夹"选项，输入文件夹的名称，按"Enter"键确认，如图 8-1-11 所示。

按照上述步骤，在"我的文档"下创建一个名称为"mydoc"的文件夹，如图 8-1-12 所示。

（2）文件和文件夹的上传

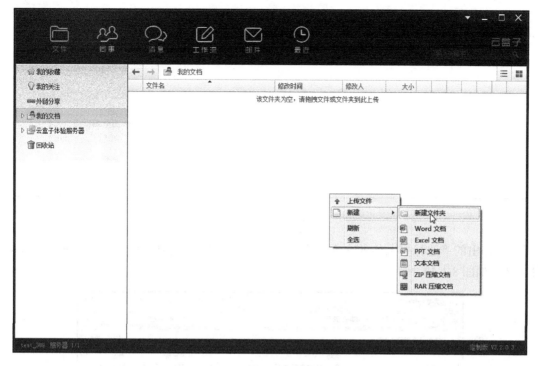

图 8-1-11 创建文件夹

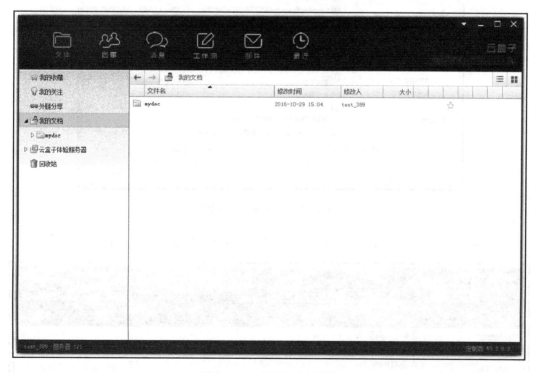

图 8-1-12 成功创建文件夹

现在介绍将计算机上的文件"财务报表.excl"和文件夹"要上传的文件夹"上传到云服务器。上传文件和文件夹的方法基本一致，下面以上传文件进行说明。

① 右击需要上传文件的目录空白处，在弹出的快捷菜单中选择"上传文件"选项，将"财务报表.xlsx"上传到云端，如图 8-1-13 所示。

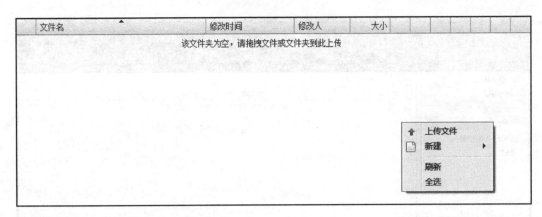

图 8-1-13　上传文件

② 在弹出的"选择要上传的文件"对话框中，选择需要上传的文件，单击 打开(O) 按钮，将文件上传，如图 8-1-14 所示。

图 8-1-14　选择要上传的文件

③ 上传完成后，在云端的服务器上可以看到已经成功上传的文件，如图 8-1-15 所示。

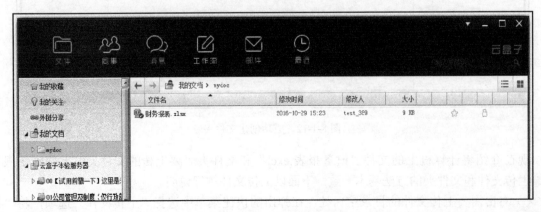

图 8-1-15　上传文件成功

④ 根据使用者的习惯，用户可以在客户端上直接复制要上传的文件，然后将文件直接粘贴在云服务器上。也可以直接拖动文件到要上传的云服务器文件目录中，如图 8-1-16 所示。

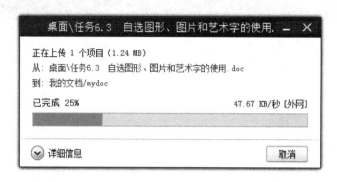

图 8-1-16　通过粘贴上传文件

（3）文件、文件夹的下载

① 直接拖曳云端文件或文件夹到本地目标文件夹。用户可以直接在云端选中需要下载的文件或文件夹，直接用鼠标拖曳至本地计算机的目标文件夹中，如图 8-1-17 所示。

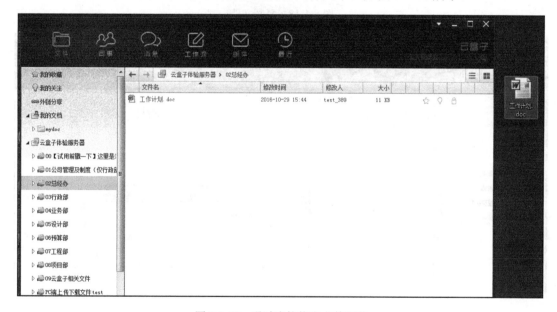

图 8-1-17　通过直接拖曳文件下载

② 可以使用复制/粘贴功能，也可以使用"另存为"功能将云端的文件或文件夹粘贴到本地计算机的目标文件夹中，如图 8-1-18 所示。

（4）文件的在线编辑

在线编辑功能是指使用者可以直接在云端进行文件的编辑，而无须将文件下载到本地计算机再进行编辑。这个功能实现比较简单，只要选中云端的文件，直接双击即可进入编辑状态，编辑后保存在服务器，他人打开时即是编辑后的最新版本，避免了传统的下载—编辑—回传的多余操作。

① 本例双击云端的文件"工作计划.doc"后，在本地计算机的内容中直接编辑，如图 8-1-19 所示。

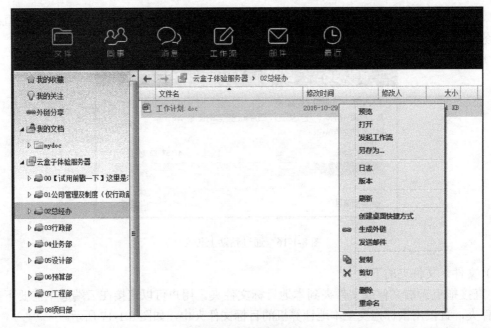

图 8-1-18　复制文件

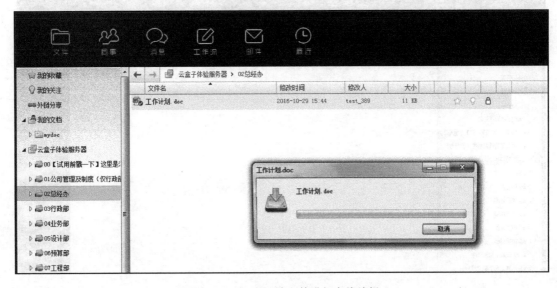

图 8-1-19　双击云端文件进行在线编辑

② 编辑完成后，进行文件的保存，这时会弹出"提交工作计划（2）.doc"对话框，在对话框中单击"现在提交"按钮，即可完成文件的在线编辑，如图 8-1-20 所示。

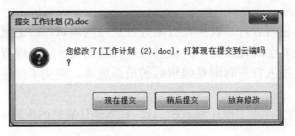

图 8-1-20　"提交工作计划（2）.doc"对话框

（5）编辑锁

有时候，会出现多人协作修改同一个文件，会产生多个版本，不知道是谁的版本为最终的修改状态。云盒子提供了一个比较实用的工具——编辑锁，编辑锁的作用是确保最先打开的人获得编辑权，其他人只能查看，不能编辑。编辑锁为灰色，表示无人编辑，绿色表示自己正在编辑，红色表示他人正在编辑，如图8-1-21所示。

图 8-1-21 编辑锁

（6）删除文件或文件夹

右击需要删除的文件或文件夹，在弹出的快捷菜单中选择"删除"选项，即可删除所选的文件或文件夹，如图8-1-22所示。

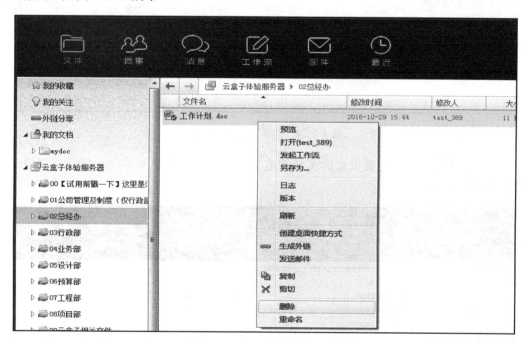

图 8-1-22 删除文件或文件夹

（7）恢复被删除的文件或文件夹

① 如果删除的是公司文档内的文件或文件夹，只能使用管理员账号登录服务器进行恢复。

② 如果删除的是"我的文档"中的文件或文件夹，单击文件模块下的"回收站"图标，然后在右侧和工作区选择需要恢复的文件或文件夹并右击，在弹出的快捷菜单中选择"还原"选项即可恢复文件或文件夹，如图8-1-23所示。

（8）文件或文件夹的共享设置

云盒子的文档管理具备 5 级控制权限，分别为只读、可写、不可见、全权限和受限制，如图8-1-24所示。

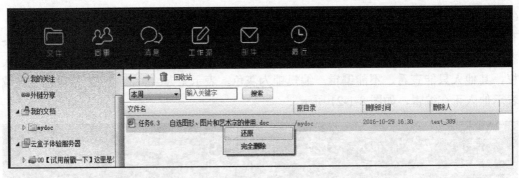

图 8-1-23 恢复回收站的文件或文件夹

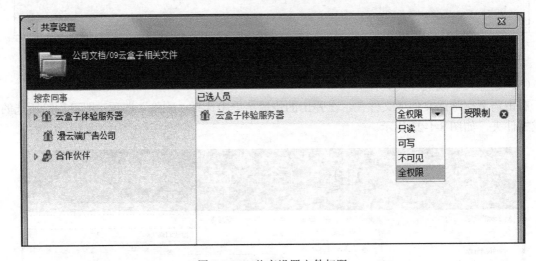

图 8-1-24 共享设置文件权限

① 可以在文档中选中需要设置的文档并右击，在弹出的快捷菜单中选择"共享设置"选项，如图 8-1-25 所示。

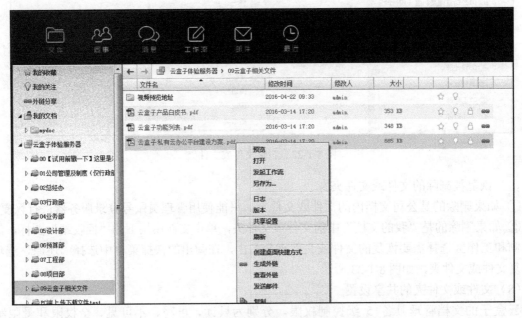

图 8-1-25 文件共享权限设置

② 在弹出的"共享设置"对话框中的"搜索同事"栏中选择需要设置的用户对象，在右侧的"已选人员"栏中根据实际需求设置不同的权限，如果要取消限制，单击右侧的 ⊗ 图标即可，如图 8-1-26 所示。

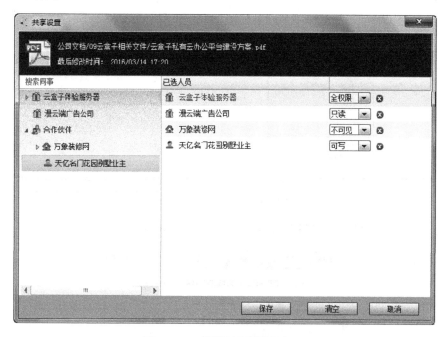

图 8-1-26　设置不同用户的权限

（9）外链管理

外链是指将文件或文件夹以链接的形式分享给他人的一种分享方式，分享外链时可对链接设置相应的访问权限和设定，一个文件或文件夹可以生成多个外链，如图 8-1-27 所示。

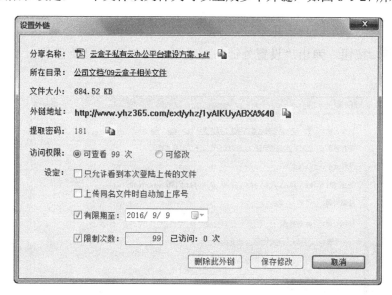

图 8-1-27　外链设置情况

① 生成文件或文件夹外链

右击需要生成外链的文件，在弹出的快捷菜单中选择"生成外链"选项，如图 8-1-28 所示。

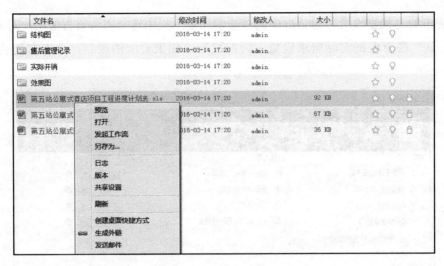

图 8-1-28　生成外链文件

② 在弹出的"分享外链"对话框中，根据需求设置，如图 8-1-29 所示。

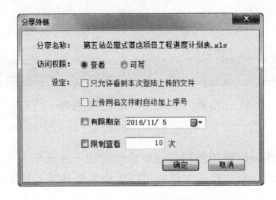

图 8-1-29　分享外链设置

③ 单击 确定 按钮，弹出"设置外链"对话框，可以看出已经有了一个外链的地址，如图 8-1-30 所示。

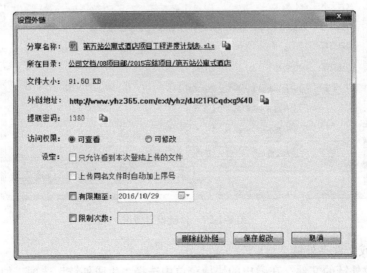

图 8-1-30　外链设置

④ 单击"保存修改"按钮，可以看出设置外链的文件后面出现了链接标识 🔗，即设置完成，如图 8-1-31 所示。

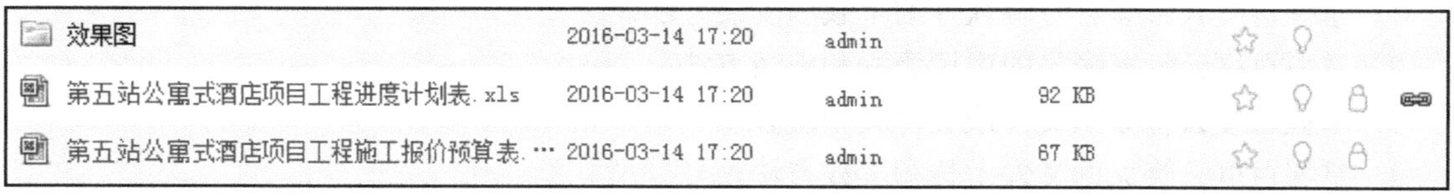

📁 效果图	2016-03-14 17:20	admin		☆ ♡	
📊 第五站公寓式酒店项目工程进度计划表.xls	2016-03-14 17:20	admin	92 KB	☆ ♡ 🔒 🔗
📊 第五站公寓式酒店项目工程施工报价预算表…	2016-03-14 17:20	admin	67 KB	☆ ♡ 🔒

图 8-1-31　设置外链效果

知识拓展

1．私有云

私有云（Private Clouds）是为一个用户或团队单独使用而构建的，因而提供对数据、安全性和服务质量的最有效控制。使用的用户或团队必须拥有基础设施，并可以控制在此基础设施上部署服务。私有云可部署在企业数据中心的防火墙内，也可以将它们部署在一个安全的主机托管场所，私有云的核心属性是专有资源，其使用的服务器是私有服务器，不具备公共功能。

2．文件外链

外链是指从别的网站导入到自己网站的链接。导入链接对于网站优化来说是非常重要的一个过程。导入链接的质量（即导入链接所在页面的权重）直接决定了自己的网站在搜索引擎中的权重。

实战演练

1．在云盒子官网上下载服务器安装包和客户端安装包，按照服务器—客户端的方式，分别安装服务器和客户端软件，搭建云盒子的工作环境。激活服务器，设置一个客户端的登录账号。

2．在云盒子客户端上演练文件和文档管理方法，文件、文件夹的功能和使用方法，文件在线编辑功能和使用方法，编辑锁功能和使用方法，文件或文件夹删除，共享权限设置和外链管理功能和使用方法。

任务二　公有云平台搭建工具——百度云管家

任务描述

通过一段时间私有云工具的使用，小刘的工作效率得到了很大的提高，也慢慢掌握了私有云的使用方法。但问题也随之而来，在私有云的使用过程中，必须处处依赖私有服务器，如果因为私有服务器维护不善或服务器宕机，私有云就无法使用。而且私有云的搭建过程比较烦琐，功能较为简单，在很多方面差强人意。经同事推荐，百度云管家是个不错的公有云工具，可以克服私有云的很多弊端。因此，小刘决定好好学习一下公有云的使用，进一步完善自己的文件管理方式，改进自己的工作效率。

▌ 任务目标

1. 掌握百度云管家客户端软件的下载和安装方法。
2. 掌握百度云管家账号的申请流程和申请方法。
3. 掌握百度云管家的文件或文件夹管理方法。
4. 掌握百度云管家的文件上传和下载方法。
5. 掌握百度云管家文件分享的方法。
6. 掌握百度云管家隐藏空间的使用方法。
7. 掌握百度云管家回收站的使用方法。
8. 了解功能百宝箱中的各种功能。

▌ 任务实施

1. 下载和安装客户端软件（PC 版）

（1）进入百度云管家官网，如图 8-2-1 所示，单击 <img 下载PC版> 按钮下载客户端软件 Baidu
YunGuanjia_5.4.3.exe。页面默认的是 Windows 系统内，用户可以根据自己的情况选择不同的操
作系统下载软件包。本书以 Windows 系统为例进行介绍。

图 8-2-1　百度云管家官网

（2）下载完成后，双击已经下载的软件包，弹出"打开文件-安全警告"对话框，单击
<img 运行(R)> 按钮，开始安装，如图 8-2-2 所示。

（3）安装软件后，需要申请一个登录的账号，百度云可以使用手机和邮箱进行账户的申请，
为了安全起见，建议使用邮箱进行申请。输入一个正确的邮箱地址，设置合法的登录密码和验证
码，单击 <img 注册> 按钮即可，如图 8-2-3 所示。

（4）注册完成后，需要进入注册邮箱，单击激活链接激活百度云盘，如图 8-2-4 所示。

（5）安装完成后，按照提示输入客户端账号和密码，进入工作界面，如图 8-2-5 所示。

（6）初次使用百度云必须进行简单的基本设置，在工作界面上单击 <img 按钮>，进入设置界面。选
中"在我的电脑中显示百度云管家""桌面显示悬浮窗""启用软件自动升级"复选框，如图 8-2-6
所示。

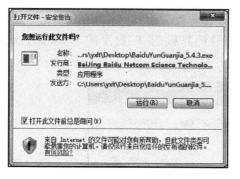

图 8-2-2　安装客户端软件

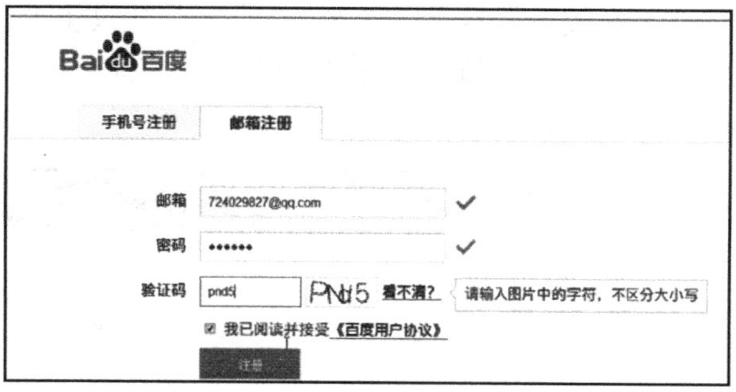

图 8-2-3　使用邮箱注册账号

图 8-2-4　激活邮箱账号

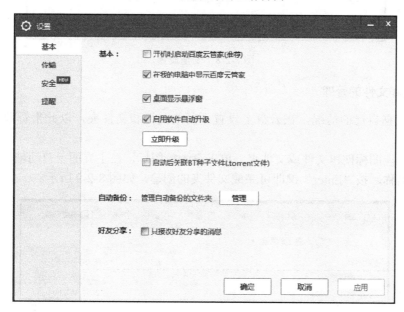

图 8-2-5　百度云管家工作界面

图 8-2-6　基本设置

（7）传输设置界面如图 8-2-7 所示。建议将"上传并行任务数"和"下载并行任务数"设置为"智能"，根据情况设置下载文件位置，这里选择本地计算机的 F 盘上的"/BaiduYunD-ownload"目录，传输速度为"不限速"。

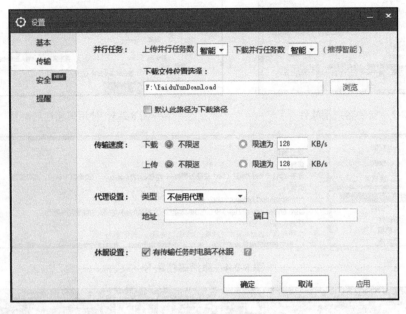

图 8-2-7　传输设置

（8）安全设置。选中"锁定云管家热键"复选框，根据情况设置锁定时间为 10 分钟，可以根据要求，并开启隐藏空间，如图 8-2-8 所示。

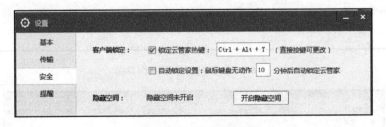

图 8-2-8　安全设置

2．文件夹和文件的管理

用户可以根据自己的情况，在云盘上设置不同的文件和文件夹，以此来管理不同类型的文件，方便工作。

（1）通过功能图标创建文件或文件夹。单击 ![新建文件夹] 图标，在主界面上自动创建一个文件夹，输入文件夹的名称，按"Enter"键即可完成文件夹的创建，如图 8-2-9 所示。

图 8-2-9　创建文件夹

（2）通过右键菜单创建文件或文件夹。在工作界面右击，在弹出的快捷菜单中选择"新建文件夹"选项，在工作界面上自动创建了一个新的文件夹，如图 8-2-10 所示。

图 8-2-10　右键菜单创建文件夹

（3）输入适当的文件夹名称，按"Enter"键即可创建，这里创建了一个名为"我的工作文件"的文件夹，如图 8-2-11 所示。

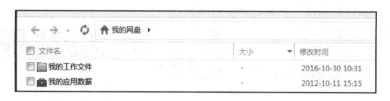

图 8-2-11　创建的文件夹

3．上传文件或文件夹到云盘

不能在百度云盘上进行文件的创建，所有的文件必须通过本地计算机进行上传。文件夹可以直接在云盘上创建，也可以通过上传创建，与上传文件不同的是，上传时只要选择要上传的文件夹即可。

（1）使用功能图标 上传 进行文件的上传。

①单击"上传"图标，弹出"请选择文件/文件夹"对话框，选择本地计算机需要上传的文件，这里选择"财务报表.xlsx"进行上传。如图 8-2-12 所示。

图 8-2-12　选择上传的文件

② 选中文件，单击 存入百度云 按钮，即可将文件上传至云盘，如图 8-2-13 所示。

图 8-2-13　上传文件成功

（2）通过右键菜单进行文件上传。右击云盘空白处，在弹出的快捷菜单中选择"上传"选项，打开"请选择文件/文件夹"对话框，在该对话框中选择要上传的文件，单击 存入百度云 按钮即可上传文件。

（3）通过功能图标 上传文件 上传文件/文件夹。单击 上传文件 按钮，弹出"请选择文件/文件夹"对话框，在该对话框中选择要上传的文件，单击 存入百度云 按钮即可上传文件。

（4）上传文件或文件夹最简单快捷的方式是选中需要上传的文件或文件夹，直接拖曳至云盘上的文件夹中，在百度云管家界面上悬浮有按钮 拖拽上传 进行提示操作。这里选中本地计算机中的文件夹"www"进行拖曳操作，如图 8-2-14 所示。

图 8-2-14　拖曳上传文件

4．下载云盘文件到本地计算机

云盘文件有时需要下载到本地计算机进行编辑和处理，需要使用百度云盘的下载功能。

（1）使用文件的 功能图标下载文件

选择需要下载的文件，再单击文件右边的 功能图标，弹出"设置下载存储路径"对话框，在对话框中选择要下载文件的本地目录，这里选择下载到本地计算机的"E:/111"文件夹中，单击 下载 按钮，即可将云盘文件下载到本地计算机，如图 8-2-15 所示。

（2）使用 下载 功能图标进行云盘文件的下载

选择需要下载的文件，再单击 功能图标，弹出"设置下载存储路径"对话框，在对话框中选择要下载文件的本地目录，这里选择下载到本地计算机的"E:/111"文件夹中，单击 下载 按钮，即可将云盘文件下载到本地计算机，如图 8-2-15 所示。

（3）使用右键菜单进行云盘文件的下载

① 右击需要下载的文件，在弹出的快捷菜单中选择"下载"选项，如图 8-2-16 所示。

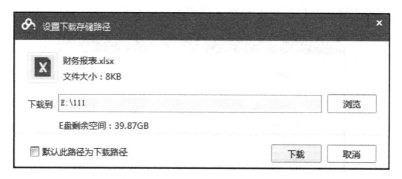

图 8-2-15　使用功能图标下载文件

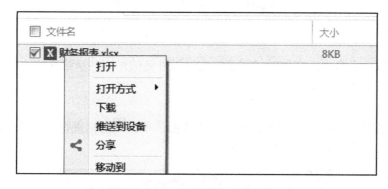

图 8-2-16　右键菜单下载文件

② 弹出"设置下载存储路径"对话框，在对话框中选择要下载文件的本地目录，这里选择下载到本地计算机的"E:/111"文件夹中，单击 下载 按钮，即可将云盘文件下载到本地计算机，如图 8-2-15 所示。

（4）使用鼠标拖曳下载文件

使用鼠标拖曳下载文件是比较适用、快速的文件下载方式，可以直接用鼠标将云盘文件拖曳至本地计算机的目录中，如图 8-2-17 所示。

图 8-2-17　使用鼠标拖曳下载文件

（5）从其他云盘上下载文件也是经常使用的方法，假如有一个工作同伴发了一个链接文件（http://www.panduoduo.net/r/14825277）给你，你让同事把文件下载到自己的云盘和本地计算机上，可以用 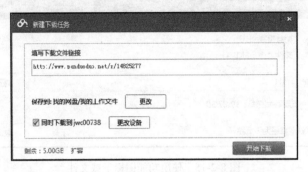 功能图标。

① 单击 功能图标，弹出"新建下载任务"对话框，如图 8-2-18 所示。

② 填写下载文件链接，按情况更改百度云盘的存放目录。百度云盘提供了一个比较实用的功能，在下载文件的同时，也可以将这个下载文件下载到与本地计算机同组的其他计算机上。单击"更改设备"按钮，百度云会扎到与本地计算机同组的计算机，单击计算机名，再单击 按钮，即可将链接文件同时下载到云盘和本地计算机。

图 8-2-18　"新建下载任务"对话框

5. 文件分享

云盘文件存放在云盘中，有的时候需要将文件以外链的形式共享给其他的好友，这就是文件的共享，是百度云盘的一个重要功能。

（1）添加好友

① 单击云盘的功能图标，切换到分享功能界面。单击图标进行添加好友。再单击 图标，弹出"添加好友"对话框，如图 8-2-19 所示。

图 8-2-19　"添加好友"对话框

② 在弹出的对话框中输入用户名（可以是百度账号、QQ 账号、邮箱），如图 8-2-20 所示。

图 8-2-20　输入用户名

单击 按钮，找到账号，再单击 加为好友 按钮即可将该用户添加为好友。如图 8-2-21 所示。

图 8-2-21　添加的好友

③ 选择需要分享的文件，单击 ◄分享 图标，弹出"分享文件：财务报表.xlsx"对话框，如图 8-2-22 所示。

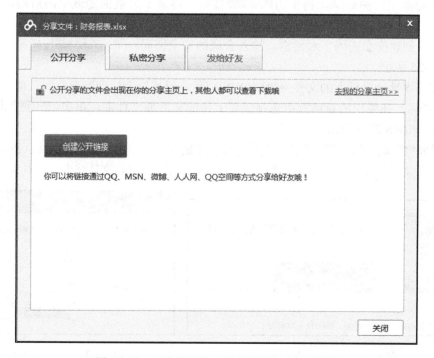

图 8-2-22　"分享文件：财务报表.xlsx"对话框

④ 选择 发给好友 选项卡，在好友列表中选择需要分享的好友账号，单击 分享 按钮，即可将文件以链接的方式进行分享，如图 8-2-23 所示。

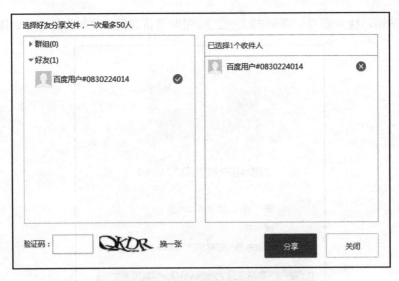

图 8-2-23　分享文件给好友

⑤ 也可以将文件进行公开分享和私密分享，操作方法和前述基本一致。

6. 隐藏空间

一些比较重要的私人文件、图片和音像资料，不便于对外分享，也不允许好友查看，可以将这些资料保存在隐藏空间。

启用隐藏空间的操作方法如下。

① 单击隐藏空间图标，再单击 [启用隐藏空间] 按钮，将属于云盘的隐藏空间启用，如图 8-2-24 所示。

② 弹出"创建安全密码"对话框，输入合法的安全密码，单击 [创建] 按钮即可进入隐藏空间，如图 8-2-25 所示。

③ 现在将本地计算机上的文件夹"C:/WWW/我的照片"上传到隐藏空间。单击隐藏空间界面的 [上传文件] 图标，在弹出的对话框中选择需要上传的文件或文件夹，单击 [存入百度云] 按钮即可成功上传文件，如图 8-2-26 所示。

④ 如果要将隐藏空间的文件移出，选中需要移出的文件，单击 [移出隐藏空间] 图标，在弹出的"选择要移出的位置"对话框中，选择目标位置，单击 [确定] 按钮，即可将文件移出，如图 8-2-27 所示。

图 8-2-24　启用隐藏空间

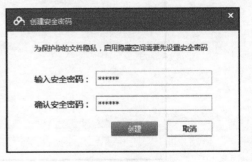

图 8-2-25　创建安全密码

7. 功能百宝箱

百度云盘的功能百宝箱提供了几个重要且实用的功能，分别是"手机忘带、数据线、自动备份、回收站和锁定云管家"功能，"手机忘带、数据线"由于篇幅的关系不再介绍，"自动备份"功能是一个收费功能，用户必须升级为会员才可以使用，这里也不再介绍。下面重点介绍其余几项功能。

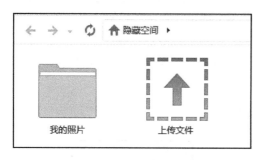
图 8-2-26　成功上传文件到隐藏空间

图 8-2-27　选择移出的文件

（1）回收站

回收站的作用和 Windows 回收站的作用大同小异，但这里的回收站是在云端的，功能和 Windows 有所区别。它的作用也是存放被用户删除或误删除的文件。如果用户想再使用被删除的文件，可以将被删除至回收站的文件恢复到原来的状态。

① 单击功能宝箱图标，进入功能百宝箱界面，再单击回收站图标，进入回收站页面，如图 8-2-28 所示。

图 8-2-28　回收站页面

② 假如要恢复之前被删除的文件"财务报表.xlsx"，选中"财务报表.xlsx"复选框，再单击 按钮即可，如图 8-2-29 所示。

③ 如果要永久删除回收站的文件，只需选中要删除的文件的复选框，单击永久删除图标，弹出"彻底删除"对话框，询问是否删除文件，单击　确定　按钮，此时如果用户的账号不安全，系统会弹出如图 8-2-30 所示的对话框，提示输入捆绑手机收到的验证码，输入后即可永久删除文件。

图 8-2-29　还原删除文件

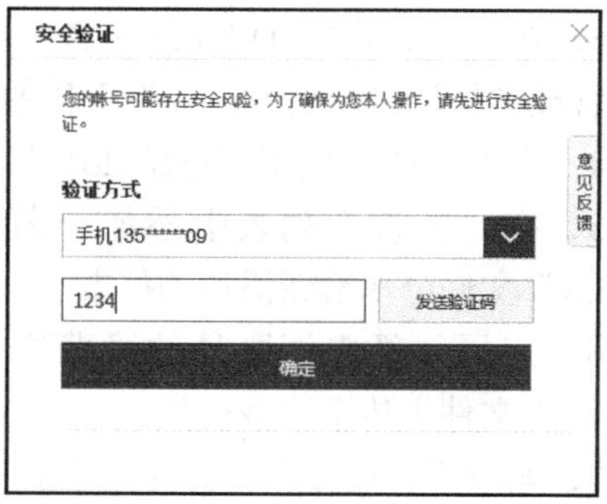

图 8-2-30　"安全验证"对话框

注意，回收站不占磁盘空间，但回收站的文件只能保存 10 天就会被自动清除。一般会员可以保存 15 天，超级会员可以保存 30 天。

（2）锁定云管家

为了防止他人偷窥数据，可以使用锁定云管家功能。在申请百度云账号设置登录密码的时候，已经默认将账户进行了锁定。如果要解锁账户，单击锁定云管家图标🔒，弹出解锁界面，在解锁界面输入登录密码和验证码，可以重新登录，如图 8-2-31 所示。

要查看账户是否锁定，可以单击屏幕右下方的任务栏图标查看，如果云盘图标右下方有锁的图标🔒，表示账户已经被锁定，如图 8-2-32 所示。

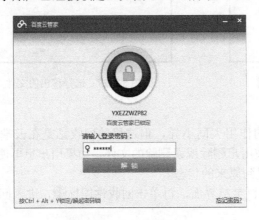

图 8-2-31　解锁界面　　　　　　　　　图 8-2-32　锁定界面

▌ 知识拓展

公有云通常指第三方提供商为用户提供的能够使用的云，公有云一般可通过 Internet 使用，可能是免费或成本低廉的，公有云的核心属性是共享资源服务。这种云有许多实例，可在整个开放的公有网络中提供服务。

简单来讲，公有云的服务器不是使用者自己搭建的，而是营运商搭建的，这也是公有云和私有云的本质区别。

▌ 实战演练

1．申请一个百度云管家账号，并完成账号的激活。

2．在云管家上创建一个文件夹，名为"管理文件"。在本地计算机创建文件夹，名称为"下载的文件"，路径为"D:/下载的文件"。

3．在本地计算机 D:/上创建名为"年终工作总结.docx"的文件，将该文件上传至云管家上的"管理文件"文件夹内，并将上传的文件命名为"2016 年度工作总结.docx"。

4．将"2016 年度工作总结.docx"下载到本地计算机"D:/下载的文件"文件夹内。

5．在"好友"列表中添加一名好友，将"管理文件"文件夹中的"2016 年度工作总结.docx"文件分享给新添加的好友。

6．启用已经申请账号的隐藏空间，并将"管理文件"文件夹中的"2016 年度工作总结.docx"文件上传至隐藏空间。

7．删除"管理文件"文件夹中的"2016 年度工作总结.docx"文件，并在回收站内进行删除的恢复。

项目九　虚拟工具

项目描述

随着科学技术的发展，人们使用虚拟工具越来越多，虚拟工具可以虚拟出硬件软件解决一些硬件软件缺乏或模拟特定软硬件环境。目前虚拟工具很多，使用广泛的有虚拟光驱和虚拟机等。虚拟光驱是一种模拟（CD/DVD-ROM）工作的工具软件，可以使用与计算机上所安装的光驱功能一模一样的光盘镜像。工作原理是先虚拟出一部或多部虚拟光驱后，将光盘上的应用软件存放在硬盘上，并生成一个虚拟光驱的镜像文件，然后就可以将此镜像文件放入虚拟光驱中来使用，当日后要使用镜像时，只需要单击插入图标，即装入虚拟光驱中运行。虚拟机是指利用软件模拟出的完全隔离环境且有完整硬件系统功能的完整计算机系统。每台虚拟机与物理机一样，同样具有 CPU、内存、硬盘、光驱、软驱、网卡、声卡、键盘、鼠标、串口、并口、USB 口等虚拟"硬件"设备。借助虚拟软件，可以在同一台物理机上虚拟出多台相同或者不同操作系统类型的计算机，以致在 CPU、内存、硬盘等硬件方面对物理机的配置要求较高。应用虚拟机具有多台虚拟机计算机同时运行、迁移性好、隔离性好等优点，常用来进行网络的模拟与测试、软件开发、学习等工作。在工作、学习中，可以使用虚拟光驱打开镜像文件，利用虚拟机熟悉各种操作系统或创建特定的软硬件环境。

任务一　虚拟光驱——Daemon Tools

任务目标

1. 了解镜像文件和虚拟光驱相关知识。
2. 掌握虚拟光驱的使用方法，能将镜像加载到虚拟光驱内使用。

任务描述

海蓝公司小刘因工作需要在计算机上安装一个软件，但他得到的安装程序并不是 Windows 可执行文件，而是 ISO 的镜像文件。这个文件无法在 Windows 下直接运行，需要借助其他软件如虚拟光驱工具，才能打开并运行，实现安装软件。

任务实施

1. 关联使用虚拟光驱

小刘用 Windows 默认程序想打开此 ISO 安装文件，但是使用默认的 Windows 光盘映像刻录机无法直接打开，必须要先通过此程序刻录到光盘上，再从光盘上打开，如图 9-1-1 所示。

图 9-1-1　Windows 7 默认打开 iso 程序

　　小刘现在也没有光盘想直接打开安装，他到网上寻找到解决办法：使用虚拟光驱可以直接打开镜像文件。小刘在网上搜寻到一个免费且使用量大的虚拟光驱软件 Daemon Tools。Daemon Tools 分为 4 个版本 Lite、Pro Advanced、完整套件和 Ultra，其中 Lite 是功能最少，唯一免费的一个版本，但也能满足小刘的需求，如图 9-1-2 所示。

图 9-1-2　Daemon Tools 的 4 个版本

　　小刘下载并安装好 Daemon Tools Lite，Daemon Tools Lite 会自动关联镜像文件。现可直接双击 Daemon Tools Lite 运行，镜像文件就自动加载到虚拟光驱 G 中。此时就可以使用自动播放打开文件夹，或打开计算机中的虚拟光驱 G，如图 9-1-3 所示。

图 9-1-3 将镜像文件自动加载到虚拟光驱中

2. 使用虚拟光驱

（1）执行"开始"→"所有程序"→"Daemon Tools Lite"命令，单击映像 iSCSI 右边的"+"按钮，打开镜像文件存储的路径，将镜像文件添加进去，如图 9-1-4 所示。

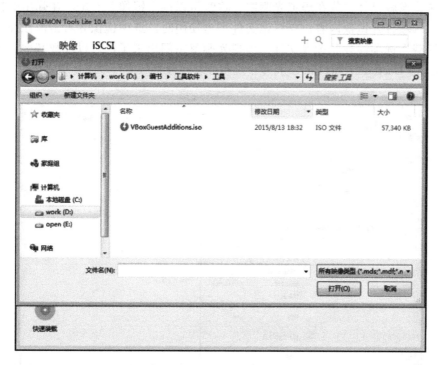

图 9-1-4 添加镜像文件

（2）将添加好的映像文件装载在虚拟光驱中。选中添加好的映像文件并右击，在弹出的快捷菜单中选择"装载"选项，如图 9-1-5 所示。

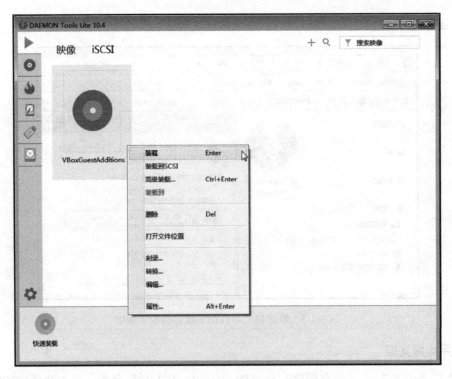

图 9-1-5　将镜像文件装载到虚拟光驱

（3）现在镜像就已经加载在虚拟光驱中，这时可以选中镜像并右击，在弹出的快捷菜单中选择"打开"选项打开镜像内容。当镜像文件不再使用时，选中镜像并右击，在弹出的快捷菜单中选择"卸载"选项卸载此镜像文件，虚拟光驱就空闲出来了，可以加载其他的镜像内容，如图 9-1-6 所示。Daemon Tools Lite 支持 4 个虚拟光驱，收费版本可以支持更多。

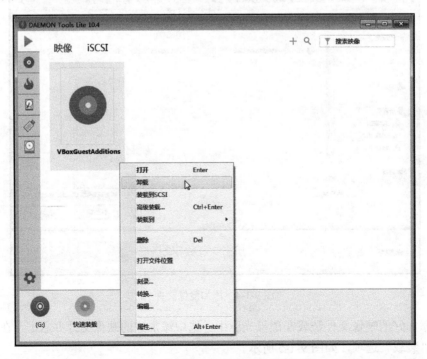

图 9-1-6　将镜像文件从虚拟光驱中卸载

知识拓展

（1）镜像文件和 RAR、ZIP 压缩包类似，它将特定的一系列文件按照一定的格式制作成单一的文件，以方便用户下载和使用，如一个操作系统、游戏、安装软件等。它最重要的特点是可以被特定的软件识别并可直接刻录到光盘上。其实通常意义上的镜像文件可以再扩展一下，在镜像文件中可以包含更多的信息，如系统文件、引导文件、分区表信息等，这样镜像文件就可以包含一个分区甚至是一块硬盘的所有信息。一般刻录软件都可以直接将支持的镜像文件所包含的内容刻录到光盘上。所以镜像文件就是光盘的"提取物"。一般扩展名为.iso、.img、.nrg、.cdi、.cue、.ccd 等。每种刻录软件支持的镜像文件格式都各不相同，如 Nero 支持.nrg、.iso 和.cue，Easy CD Creator 支持.iso、.cif，CloneCD 支持.ccd 等。镜像文件也可以使用压缩软件 WinRAR 等解压使用。Daemon Tools Lite 支持的镜像格式如图 9-1-7 所示。

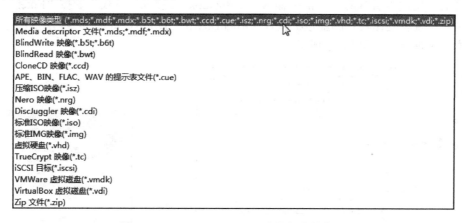

图 9-1-7　Daemon Tools Lite 支持的镜像格式

（2）虚拟光驱是一种模拟（CD/DVD-ROM）工作的工具软件，可以使用与计算机上所安装的光驱功能一模一样的光盘镜像。工作原理是先虚拟出一部或多部虚拟光驱后，将光盘上的应用软件存放在硬盘上，并生成个虚拟光驱的镜像文件，然后就可以将此镜像文件放入虚拟光驱中来使用，当日后要使用镜像时，只需单击插入图标，即装入虚拟光驱中运行。虚拟光驱软件有很多，除了任务中使用的 Daemon Tools 外，还有 WinMount、DVDFab、LZZ Virtual Drive、Virtual Drive 等，但这些软件功能基本一致，使用方法也大致相同，故只要熟悉一种虚拟光驱软件即可。

实战演练

使用虚拟光驱装载 iso 等镜像文件，打开装载后的虚拟光驱镜像文件。

任务二　构建网络虚拟环境

任务目标

1. 识记虚拟机的定义。
2. 会正确安装虚拟机软件 VirtualBox。
3. 能在虚拟机中安装操作系统。
4. 能复制、导出和导入虚拟计算机。

▌▌任务描述

海蓝公司小刘因工作需要熟练安装和修复操作系统，但是使用真实计算机会耽误自己使用，且自己的常用软件都需重新安装。小刘听说虚拟机可以用来模拟真实计算机安装使用操作系统的过程，因此他下载虚拟机 Virtualbox 来学习安装 Windows10 系统，同时进行虚拟计算机的基本操作。

▌▌任务实施

1. 虚拟机的下载与准备

（1）启动 IE 浏览器后，在 IE 地址栏中输入"http：//www.baidu.com"，然后按"Enter"键，在打开的百度搜索引擎的输入框中输入"Virtualbox　最新版 下载"后按"Enter"键，则可从搜索的结果中查看到比较新的虚拟机软件 VirtualBox 5.1.8 版本，如图 9-2-1 所示，然后将该软件下载到本地硬盘上，如图 9-2-2 所示。

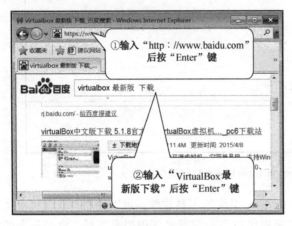

图 9-2-1　搜索 VirtualBox 软件　　　　　　　图 9-2-2　下载 VirtualBox 软件

（2）双击下载的"VirtualBox 5.1.8"软件，按照如图 9-2-3 所示的安装向导即可完成软件的安装。

（3）执行"开始"→"Oracle VM VirtualBox"→"Oracle VM VirtualBox.exe"命令，或者单击桌面的 VirtualBox 图标 ，即可启动 VirtualBox 软件，如图 9-2-4 所示。

图 9-2-3　VirtualBox 安装向导　　　　　　　图 9-2-4　VirtualBox 软件窗口

2. 安装 Windows10 系统

（1）首先，准备好 Windows10 系统的镜像文件"cn_windows_10_multiple_editions _x86_dvd _684 6431.iso"，如图 9-2-5 所示。

（2）单击已经启动的 VirtualBox 软件窗口中的新建按钮 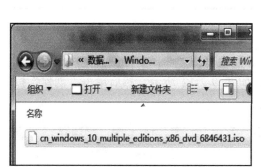，弹出"新建虚拟电脑"对话框，选择类型为"Microsoft Windows"，版本为"Windows 10（32-bit）"，名称设为"Windows10"，然后单击"下一步"按钮，如图 9-2-6 所示。

图 9-2-5　Windows10 镜像文件　　　　　图 9-2-6　"新建虚拟电脑"对话框

（3）在弹出如图 9-2-7 所示的内存大小界面中保持默认的内存设置，然后单击"下一步"按钮。

（4）在弹出的虚拟硬盘界面中选中"现在创建虚拟硬盘"单选按钮，然后单击"创建"按钮，如图 9-2-8 所示。

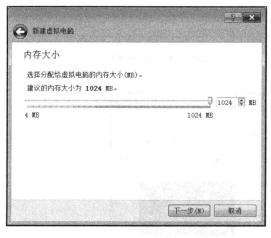

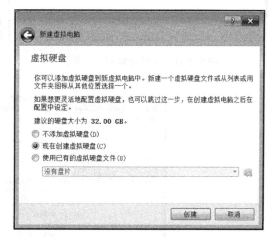

图 9-2-7　内存大小界面　　　　　　　　图 9-2-8　虚拟硬盘界面

（5）在弹出如图 9-2-9 所示的虚拟硬盘文件类型界面中选中"VDI"单选按钮，然后单击"下一步"按钮。

（6）在弹出如图 9-2-10 所示的存储在物理硬盘上界面中选中"动态分配"单选按钮，然后单击"下一步"按钮。

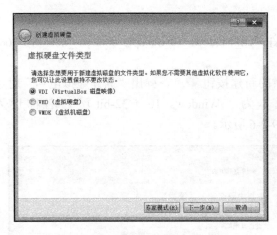

图 9-2-9 虚拟硬盘文件类型界面

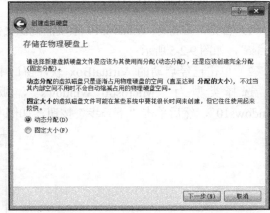

图 9-2-10 存储在物理硬盘上界面

（7）在弹出如图 9-2-11 所示的文件位置和大小界面中单击"选择虚拟硬盘文件保存的位置"图标 ，选择需要保存的位置为 E:\Windows 10，如图 9-2-12 所示，然后单击"创建"按钮，即可创建"Windows 10"计算机，如图 9-2-13 所示。

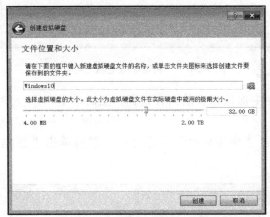

图 9-2-11 文件位置和大小界面

图 9-2-12 选择文件位置

图 9-2-13 新建的 Windows 10 计算机

（8）选择新建的"Windows 10"计算机，然后单击"设置"图标 🔧 如图 9-2-14 所示，打开如图 9-2-15 所示的窗口，并选择"存储"选项，然后单击"存储树"栏中的"没有盘片"图标 ⊙，最后单击"选择用于虚拟驱动器的虚拟光盘和物理驱动器"图标 ⊙，在弹出的如图 9-2-16 所示的菜单中选择"选择一个虚拟光盘文件…"命令，选择 Windows 10 的镜像文件"cn_windows_10_multiple_editions_x86_dvd_6846431.ISO"后出现如图 9-2-17 所示的对话框。

图 9-2-14　"Oracle VM VirtualBox 管理器"窗口

图 9-2-15　选择虚拟光盘

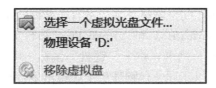

图 9-2-16　"分配光驱"菜单

（9）在图 9-2-18 所示的对话框中选择"网络"选项，在"网卡 1"的"连接方式"下拉列表中选择"桥接网卡"选项，然后单击"OK"按钮。

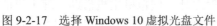

图 9-2-17　选择 Windows 10 虚拟光盘文件

图 9-2-18　选择"桥接网卡"

（10）在图 9-2-19 所示的窗口中，选择虚拟计算机"Windows 10"，然后单击"启动"按钮，即可循 Windows 10 的安装向导完成安装。

图 9-2-19　启动虚拟计算机

知识拓展

1．虚拟机的概念

虚拟机是指利用软件模拟出在完全隔离环境中且有完整硬件系统功能的完整计算机系统。常用的虚拟机软件有 VMware、VirtualBox 和 Virtual PC；每台虚拟机与物理机一样，同样具有 CPU、内存、硬盘、光驱、软驱、网卡、声卡、键盘、鼠标、串口、并口、USB 口等虚拟"硬件"设备。借助虚拟机软件，可以在同一台物理机上虚拟出多台相同或者不同操作系统类型的计算机，以致在 CPU、内存、硬盘等硬件方面对物理机的配置要求较高。应用虚拟机具有多台虚拟机计算机同时运行、迁移性好、隔离性好等优点，常用来进行网络的模拟与测试、软件开发、学习等工作。

2．VirtualBox 简介

Oracle VirtualBox 是由德国 InnoTek 公司出品的一款免费使用的虚拟系统软件，现在则由甲骨文公司进行开发，是甲骨文公司 xVM 虚拟化平台技术的一部分。它提供用户在 32 位或 64 位的 Windows、Solaris 及 Linux 操作系统上虚拟其他 x86 的操作系统。最新版的 VirtualBox 上可以安装并且运行 Windows（3.1、NT 4、2000、XP、Server 2003、Vista、7、8、10 Server 2008、Server 2012）、Linux、OS/2 Warp、OpenBSD 及 FreeBSD 等系统作为客户端操作系统。

VirtualBox 虚拟机的网络连接模式有四种，分别是网络地址转换模式（NAT）、桥接网卡模式、内部网络模式和仅主机（Host-only）适配器模式。网络地址转换模式（NAT）是虚拟主机访问网络的所有数据都是由主机提供的，虚拟主机并不真实存在于网络中，物理主机不能查看和访问到虚拟机。桥接网卡模式是给虚拟机配置独立的 IP 地址，虚拟机主机借助物理主机的网卡架设了一条桥直接连入到网络中，虚拟机与在网络中的物理机器的网络功能是相同的。内部网络模式是仅实现虚拟机与虚拟机之间的内部网络模式，虚拟机与外网是完全断开的。仅主机（Host-only）适配器模式能实现上述三种模式所具有的功能，该功能可以通过虚拟机及网卡的设置来实现，此种模式比较复杂。

为了使虚拟机的迁移性好，可在 VirtualBox 管理器选择已经配置好的虚拟计算机，然后执行"管理"→"导出虚拟电脑…"命令实现虚拟机的导出。导出的虚拟计算机文件要在本台或其他物理机中快速导入，可以通过"管理"→"导入虚拟电脑…"命令实现，如图 9-2-20 所示。要复制（克隆）虚拟计算机则执行如图 9-2-21 所示的"控制"→"复制"命令即可循向导快速复制虚拟计算机。

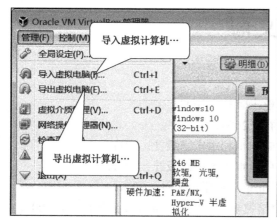

图 9-2-20　导出导入虚拟计算机

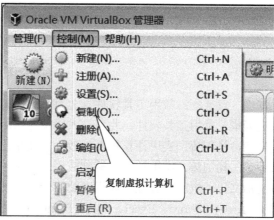

图 9-2-21　复制虚拟计算机

▌实战演练

1. 安装 VirtualBox 虚拟机软件。

2. 在 VirtualBox 虚拟机软件中安装 Windows Server 2008，要求虚拟机名称为 Server 2008，硬盘空间为 25GB，将硬盘分为两个分区，C 盘为 15GB，D 盘为 10GB，两个分区文件系统为 NTFS。

3. 把名称为"Server 2008"的虚拟计算机分别进行导出、复制的操作。

参考文献

[1] 郑平，袁云华. 常用工具软件. 北京：人民邮电出版社. 2008.

[2] 袁云华. 常用工具软件. 北京：人民邮电出版社. 2009.

[3] 薛荣，杨剑涛. 实用计算机基础教程. 北京：中国水利水电出版社. 2011.

[4] 薛荣，杨剑涛. 实用计算机基础应用. 北京：中国水利水电出版社. 2011.

[5] 前沿文化. 电脑办公综合应用（超值专业版）. 北京：科学出版社. 2011.

[6] 田力. 中文 Word、Excel、Power Point XP 综合培训教程. 北京：电子工业出版社，2007.

[7] 徐万涛，洪建新. 计算机网络实用技术教程. 北京：清华大学出版社. 2007.

[8] 李大友，邱建霞. 计算机网络. 北京：清华大学出版社. 2003.

[9] 张键，刘振波. 中文版 PowerPoint 2003 实用培训教程. 北京：清华大学出版社. 2003.